Fancis Laur

Etude complète du bassin ferrifère de Briey

et de la formation ferrugineuse lorraine

Paris, 1901

LES MINES & USINES AU XXe SIÈCLE

ÉTUDE COMPLÈTE

DU

BASSIN FERRIFÈRE DE BRIEY

ET DE LA

Formation Ferrugineuse Lorraine

PAR

Francis LAUR

INGÉNIEUR CIVIL DES MINES

Cet ouvrage est accompagné d'une grande carte de l'ensemble des concessions accordées en France, Allemagne et Luxembourg avec coupes géologiques (courbes de niveau en rouge, etc.)

d'après les travaux de M. Georges ROLLAND, ingénieur en chef des Mines

PARIS
Société des Publications Scientifiques et Industrielles
26, rue Brunel, 26

1901

BASSIN FERRIFÈRE

DE BRIEY

LES MINES & USINES AU XXe SIÈCLE

ÉTUDE COMPLÈTE

DU

BASSIN FERRIFÈRE DE BRIEY

ET DE LA

Formation Ferrugineuse Lorraine

PAR

Francis LAUR

INGÉNIEUR CIVIL DES MINES

Cet ouvrage est accompagné d'une grande carte de l'ensemble des concessions accordées en France, Allemagne et Luxembourg avec coupes géologiques (courbes de niveau en rouge, etc.)

d'après les travaux de M. Georges ROLLAND, ingénieur en chef des Mines

PARIS
Société des Publications Scientifiques et Industrielles
26, rue Brunel, 26

1901

LE

Bassin ferrifère de Briey

Nous ne pouvions comme entrée en matière de notre quatrième volume sur les Expositions minières en 1900, trouver un sujet plus intéressant et plus marquant dans cette fin de siècle, que l'étude du nouveau bassin ferrifère de Briey.

Les hommes les plus pondérés comme M. VILLAIN, l'éminent ingénieur du bassin de Nancy estiment pour une seule couche, la couche grise, à 2 milliards 250 millions de tonnes, le minerai probable découvert dans le bassin de Briey.

Or, le fameux gisement de Bilbao ne contenait que cent millions de tonnes, celui de Kurunavaara et Luossavaara, en Norvège-Laponie, dont tout le monde parle actuellement, ne renfermerait que 200 à 250 millions de tonnes. Le gîte de Mokta, qui a marqué dans l'histoire du fer, ne renfermait que 20 millions de tonnes.

C'est, en quelques chiffres, donner une idée de l'immense importance de la découverte lorraine. Il y a là des réserves pour le monde entier, pourrait-on dire, et un gîte qui vaut vingt fois celui de Bilbao, mérite dans l'histoire sidérurgique une mention toute spéciale.

Ce qui, enfin rend, pour nous Français, la découverte du bassin de Briey plus appréciable, c'est que la frontière allemande avait été tracée en 1871 de façon à nous enlever tous les gisements de fer probables. Ce plan destiné à nous maintenir à jamais dans un état d'infériorité vis-à-vis de l'Allemagne, au point de vue du fer, a donc été déjoué par la nature et c'est cette histoire. vraiment mémorable que nous raconterons à la fin de cette étude.

Il y a dans les choses de ce monde de mystérieuses coïncidences.

C'est à l'aurore du « Siècle de l'acier » comme on appellera certainement le XXe siècle, au moment où une certaine inquiétude commençait à se répandre sur les approvisionnements du globe en minerais de fer, à l'heure où un grand gîte, celui de Bilbao, s'épuisait à vue d'œil, que la mise en exploitation des minerais du Lac Supérieur, en Amérique, et la découverte du bassin ferrifère de Briey, en France, sont venues donner à la civilisation l'assurance que le métal dont elle fait un emploi si colossal depuis un demi siècle, ne viendrait pas à lui manquer subitement et l'arrêter dans son élan vers le progrès.

On comprendra donc que nous ayions tenu à donner dans notre livre un historique complet de cette découverte afin qu'il restât, dans les bibliothèques techniques, un souvenir de cette époque de recherches, afin aussi qu'on put constater dans l'avenir, si les supputations de la première heure correspondent en plus ou en moins aux certitudes de l'exploitation prolongée et pratique.

Nous avons puisé nos documents aux sources les plus sûres; c'est à M. Genreau ,l'ancien ingénieur en chef de Nancy, à M. Charles Rolland, l'ingénieur en chef des Mines, dans ses communications à l'Académie des Sciences, c'est à M. Fr. Villain, l'ingénieur des Mines du bassin de Nancy, qui a fait une mémorable conférence à la *Société industrielle de l'Est*, dont notre confrère Auguin a donné une si remraquable publication c'est aux dix-huit exploitants de minerai de fer de Meurthe-et-Moselle, dont on trouvera les noms plus loin, c'est à M. Gaston Aubé, l'organisateur de l'exposition collective de ces exploitants au Palais des Mines et de la Métallurgie, que nous avons demandé les éléments de ce travail. Qu'ils reçoivent ici l'expression de notre gratitude.

I

LE BASSIN DE BRIEY A L'EXPOSITION

L'Exposition de 1900, dont nous devons rendre compte en premier lieu, suivant l'ordre adopté dans cet ouvrage, comprend deux expositions, pourrait-on dire.

D'abord, celle de la collectivité des Exploitants de minerai de fer de Meurthe-et-Moselle lesquels, dans une notice signée de M. F. Villain, l'ingénieur au corps des Mines à Nancy ont donné sur les gîtes de Briey, les documents les plus complets et les plus récents.

D'autre part, M. Georges Rolland, l'ingénieur en chef des mines, si connu pour ses travaux en Algérie et par ses communications si remarquables à l'Académie des Sciences (précisément au sujet du bassin de Briey), a exposé un plan en relief de la topographie souterraine des gisements de minerai de fer oolithique de l'arrondissement de Briey.

Nous sommes donc en présence de la série la plus complète de documents matériels et écrits qui puisse nous être fournie sur la question qui nous occupe.

Le plan en relief de M. Georges Rolland fait suite, pour ainsi dire, à sa communication à l'Académie des Sciences en qualité de collaborateur principal de la carte géologique détaillée de la France.

Voici, tout d'abord, cette communication qui est le premier document officiel général sur le bassin de Briey. Il doit être comme la préface de notre exposé :

I. — Communication de M. G. Rolland, a l'Académie des Sciences

« Un événement de première importance pour l'avenir de la métallurgie française est la découverte de l'extension imprévue des gisements de minerais de fer oolithiques qui affleurent et sont depuis longtemps exploités sur une grande échelle dans l'ancien département de la Moselle, gisements dont le prolongement souterrain dans l'arrondissement de Briey et jusque dans la Meuse vient d'être constaté par de nombreux sondages d'exploration. Actuellement, on ne compte pas moins de 115 de ces sondages, et d'autres suivront sans doute. Une première série fut exécutée de 1882 à 1886 sur les conseils de M. Genreau, alors ingénieur en chef des mines à Nancy ; la seconde série principale va de 1892 à ce jour.

« Chargé, pour le service de la Carte géologique détaillée de France, des feuilles de Longwy et de Metz, j'ai dressé une carte de la *topographie souterraine de la formation ferrugineuse du nouveau bassin de Briey*, et j'en ai fait une étude spéciale, tant au point de vue géologique qu'en prévision des exploitations projetées dans cette région. A cet effet, j'ai coordonné les indications que me fournissaient, d'une part, les terrains de la surface et, d'autre part, les coupes des sondages de recherche, au sujet desquels de nombreux renseignements m'ont été obligeamment fournis par M. Cousin, récemment encore ingénieur des mines à Nancy, et par M. Croisille, contrôleur des mines à Longwy, ainsi que par les industriels.

« J'ai l'honneur aujourd'hui de présenter à l'Académie une réduction de ladite carte, accompagnée de deux profils.

« On sait que la formation ferrugineuse de la Lorraine se place en haut du Lias supérieur, au-dessous de l'étage des calcaires du Bajocien, dont elle est séparée par un petit massif de Marnes dites *micacées.* et au-dessus des Grès et Marnes supraliasiques avec pyrites.

« Elle affleure à la surface suivant une large zone, qui s'étend d'abord de l'ouest à l'est au travers de toute la région de Longwy, ainsi que sur la bordure limitrophe de la Belgique et dans le Luxembourg, laquelle zône, tournant à angle droit et se dirigeant du nord au sud, règne en Lorraine annexée le long de la frontière, jusqu'au delà de Metz, et se retrouve plus loin dans la région de Nancy. Les couches de minerai y sont exploitées, soit au moyen de galeries ouvertes à flanc de coteau, soit à ciel ouvert. La formation offre une allure lenticulaire ; elle varie, tant comme puissance totale que comme nombre de couches et composition. Sa plus grande puissance se rencontre entre Hussigny, Villerupt, Ottange et Esch ; à la Côte Rouge, elle atteint 27 m., et l'on peut y voir cinq couches, toutes exploitées, représentant ensemble 16 m. de minerai. A l'autre extrémité du bassin de Longwy, près de Gorcy, elle n'a plus que 4 m. 65 avec une seule couche. Les minerais sont siliceux dans l'ouest de ce bassin et calcarifères dans l'est.

« La formation ferrugineuse, dont les affleurements forment ainsi une demi-ceinture dans le nord et à l'est de l'arrondissement de Briey, plonge vers l'intérieur avec un pendage général à l'ouest-sud-ouest et s'enfonce en augmentant de puissance, à des profondeurs croissantes sous le Bajocien et le Bathonien. Les épaisseurs de terrains superposés approchent de 300 m. vers l'ouest, où la formation pénètre dans la Meuse. De proche en proche, les sondages ont déjà démontré son extension souterraine sur près de 40 kilom. du nord au sud et sur 7 kilom. à 24 kilom. de l'est à l'ouest. La superfice totale, sous laquelle les gisements ont été jusqu'ici reconnus exploitables peut être évaluée à 54.000 hectares. J'ai tracé approximativement sa limite à l'ouest (1). Elle figure en grand trois promontoires allongés vers l'ouest et le sud-ouest. Au nord, c'est l'ancien *bassin de Longwy* où existe un premier groupe de concessions, dont une grande partie des minerais a déjà été extraite, et qui, en y adjoignant quelques concessions récentes au sud-est, représente 10.6[illegible] hectares. Au centre et au sud,

(1) J'ai classé comme exploitable toute région qui possède au moins une couche de 1 m. 75 d'épaisseur avec 30 pour 100 de fer (une plus faible teneur pouvant même être admise si la proportion de chaux est suffisante).

c'est le nouveau *bassin de Briey*, où l'on peut distinguer deux régions. La région méridionale de Briey, Conflans, Batilly, est dite parfois *bassin de l'Orne* ; elle possède un second groupe de concessions, accordées à la suite des sondages de 1882 à 1886, en comprenant 16.147 hectares ; on y trouve déjà deux sièges d'extraction par puits, à Jœuf et près d'Homécourt, et trois autres en préparation à Auboué, Homécourt et Moutiers. La région centrale enfin, d'Avril et Audun-le-Roman à Baroncourt, que j'appellerai *bassin d'entre-Moselle-et-Meuse*, entièrement nouvelle et découverte depuis 1892, ne présente pas moins de 22.000 hectares exploitables et concessibles (sans parler de ce qui reste disponible au nord et au sud, ni des extensions probables et encore ignorées du gisement).

« Sous le bassin de Briey, la formation présente jusqu'à six couches distinctes de minerai, savoir, de haut en bas : deux couches dites *rouges*, la *jaune*, la *grise*, la *noire* et la *verte*. Mais habituellement il n'y a qu'une couche *rouge ;* la *jaune* peut manquer, et souvent la *verte* ou la *noire*. Il ne faut donc compter que sur quatre couches ou même trois, dont une ou deux exploitables. La couche *grise* est la plus régulière ; normalement c'est la plus épaisse, la plus riche, la meilleure comme qualité, avec gangue calcarifère (sauf vers le nord).

« La puissance totale de la formation, y compris le toit (en sables ou calcaires ferrugineux) et les stériles entre les couches de mine, varie de 19 mètres à 53 mètres. Quant à la couche *grise*, elle a 1 m. 80 à 8 m. 80 (épaisseur maxima vers Landres) ; elle renferme généralement de 30 à 40 pour 100 de fer, sur 2 m. à 4 mètres (avec 3 ou 14 pour 100 de chaux) ; on y rencontre parfois des niveaux plus riches, mais ce sont des exceptions.

« Le *mur de la couche grise* étant le niveau le mieux déterminé dans les sondages, c'est lui que j'ai choisi pour figurer la topographie du gisement). La carte ci-jointe indique ses altitudes avec courbes de niveau équidistantes de 20 mètres. A son inspection et avec les deux profils complémentaires, on peut juger de l'allure de la formation. Non seulement celle-ci est lenticulaire, mais loin d'être plane, elle offre des alternances fort intéressantes de ploiements synclinaux et anticlinaux à faible courbure.

«De distance en distance, le bassin de Briey est traversé par des failles importantes, qui se poursuivent en Lorraine annexée. Leur direction oscille du N 29° E au N 52° E. Je citerai les failles de Crusnes et d'Avril ; entre elles, la faille de Fontoy, en Lorraine, meurt à la frontière, mais sur son prolongement on remarque un fond de bateau, passant par Tucquegnieux. Les failles principales sont accompagnées d'un système parallèle de failles secondaires et de lignes de cassures. Les terrains sont traversés, en outre, par un second système de cassures sensiblement perpendiculaires. Le bassin de Briey se trouve ainsi divisé en compartiments plus ou moins grands ; certaines parties sont littéralement hachées.

« Les sondages ont rencontré l'eau à des profondeurs très variables sous la surface (0 m. 60 à 70 m.). Le plus souvent son niveau est resté stationnaire. Parfois il a baissé. Puis il a monté, par suite de la rencontre de nappes ascendantes (principalement dans la formation). A signaler enfin huit sondages et un puits jaillissant, situés soit vers l'aval-pendage de la formation, soit à proximité de failles.

« La question de l'épuisement des eaux ne laisse pas que de préoccuper vivement pour les futures exploitations du bassin de Briey. Règle générale. le gisement ferrugineux est perméable et plus ou moins aquifère. Toutefois, quand on pourra choisir des massifs de terrain non disloqués, on aura chance de ne rencontrer que peu d'eau dans les travaux ; mais des mesures devront être prises pour faire face à des venues d'eau brusques et abondantes, toujours à craindre dans des terrains aussi fissurés. »

II. — Le plan en relief de la formation

Telle est la communication que faisait à l'Académie des Sciences M. G. Rolland le 17 janvier 1898.

Le plan en relief de la topographie souterraine des gisements de minerais de fer oolitiques de l'arrondissement de Briey (Meurthe-et-Moselle) qu'il expose aujourd'hui est à l'échelle de: 1/25.000 pour les bases et 1/5.000 pour les hauteurs. On vient de voir que dans sa communication à l'Académie des Sciences, M. Rolland avait signalé comme un événement fort important dans l'avenir de la métallurgie française, « la découverte de l'extension imprévue des gisements de minerais de fer oolithiques qui affleurent et sont depuis longtemps exploités sur une grande échelle dans l'ancien département de la Moselle,gisements dont le prolongement souterrain dans l'arrondissement de Briey et jusque dans la Meuse vient d'être constaté par de nombreux sondages d'exploration.

Une première partie de ces sondages fut exécutée, ainsi de 1882 à 1886 sur les conseils de M. Genreau, alors Ingénieur en chef des Mines à Nancy ; la seconde série principale date de 1892 et se termine à peine à ce jour. Au total, le nombre des sondages exécutés dans l'arrondissement de Briey s'élève actuellement à 159 ; deux sont en cours d'éxécution, et quelques autres suivront sans doute.

A la communication de janvier 1898 était jointe la première *carte de la topographie des gisements de minerais de fer oolithiques de l'arrondissement de Briey*, réduction de celle dressée pour le *Service de la Carte Géologique Détaillée de la France* et qui vient de paraître sur les feuilles de Metz et de Longwy, chez Béranger.

Le plan en relief que M. Rolland expose aujourd'hui a pour objet de figurer à plus grande échelle et d'une manière parlante aux yeux, ces gisements souterrains, tant au point de vue géologique qu'en prévision des exploitations projetées, et de bien montrer leur allure, leurs pendages et leurs ondulations, leur puissance, et limites d'exploitabilité, les accidents qu'ils présentent, leurs affleurements à la surface et les sondages qui les ont explorés en profondeur, etc. Les éléments de ce plan en relief sont les mêmes que ceux de la carte précitée, et on y a coordonné d'une manière semblable, mais avec plus de détails, les indications que fournissaient, d'une part, les études des ingénieurs ayant étudié la géologie pour le Service de la Carte et, d'autre part, les coupes de sondage de recherches, au sujet desquels de nombreux renseignements avaient été obligeamment fournis par les Ingénieurs des Mines de Nancy, M. Cousin d'abord, puis M. Villain, ainsi que par les industriels.

Pour décrire en peu de lignes les gisements de minerais de fer en question, reproduisons quelques lignes de ce qu'on vient de lire et quelques indications complémentaires suffiront pour mettre à jour cet exposé et pour commenter le plan en relief.

« On sait, a dit M. Rolland, que la formation ferrugineuse de la Lorraine se place en haut du *Lias supérieur*, au-dessous de l'étage des calcaires du *Bajocien*, » dont elle est séparée par un petit massif de *Marnes* » dites *micacées*, et au dessus des *Grès* et *Marnes supraliasiques* avec pyrites.

» Elle affleure à la surface suivant une large zone, qui » s'étend d'abord de l'ouest à l'est au travers de toute la » région de Longwy, ainsi que sur la bordure limitrophe de la Belgique et dans le Luxembourg puis qui, » tournant à angle droit et se dirigeant du nord au sud, » règne en Lorraine annexée le long de la frontière,

» jusqu'au delà de Metz, et se trouve plus loin dans la » région de Nancy. Les couches de minerai y sont ex» ploitées, soit au moyen de galeries ouvertes à flanc de » coteau, soit à ciel ouvert. La formation offre une al» lure lenticulaire ; elle varie, tant comme puissance » totale que comme nombre de couches et composition. » Sa plus grande puissance se rencontre entre Hussi» gny, Villerupt, Ottange et Esch ; à la Côte Rouge, » elle atteint 27 mètres, et l'on peut y voir cinq cou» ches, toutes exploitées, représentant ensemble 16 mè» tres de minerai. A l'autre extrémité du bassin de » Longwy, près de Gorcy, elle n'a plus que 4m65, avec » une seule couche. Les minerais sont siliceux dans » l'ouest de ce bassin et calcarifères dans l'est.

» La formation ferrugineuse, dont les affleurements » forment ainsi une demi-ceinture dans le nord et à » l'est de l'arrondissement de Briey, plonge vers l'in» térieur avec un pendage général à l'ouest-sud-ouest » et s'enfonce en augmentant de puissance, à des pro» fondeurs croissantes sous le *Bajocien* et le *Bathonien*. » Les épaisseurs de terrains superposés approchent de » 300 mètres vers l'ouest, où la formation pénètre dans » la Meuse. De proche en proche, les sondages ont déjà » démontré son extension souterraine sur près de 40 ki» lomètres du nord au sud et sur 7 à 24 kilomètres de » l'est à l'ouest. La superficie totale sous laquelle les » gisements ont été jusqu'ici reconnus exploitables » peut être évaluée à 54,000 hectares.

A vrai dire, j'ai été large dans l'appréciation de ce qui pouvait être considéré comme, un jour ou l'autre, *exploitable*. J'y ai classé « toute région qui possède au » moins une couche de 1m75 d'épaisseur avec 30 pour » 100 de fer (une plus faible teneur pouvant même être » admise si la proportion de chaux est suffisante.) » Pour le moment, et en l'état actuel de l'art de l'exploitation des mines et des procédés de la métallurgie, les régions réellement utilisables ne semblent guère atteindre que le chiffre, déjà forot considérable, de 40.000 hectares, et c'est dans ces environs, en effet ,que se tient le total des superficies aujourd'hui concédées (avec un reliquat restant à concéder). Néanmoins, M. Rolland, a cru intéressant de maintenir la *limite d'exploitabilité* telle qu'il l'avait conçue, ne fût-ce qu'à titre d'indication éventuelle pour l'avenir.

« Elle figure en grand trois promontoires allongés » vers l'ouest et le sud-ouest. Au nord, c'est l'ancien » *bassin de Longwy*, où existe un premier groupe de » concessions, dont une grande partie des minerais a » déjà été extraite, et qui, en y adjoignant quelques

» concessions récentes au sud-ouest, représente 10,622 » hectares. Au centre et au sud, c'est le nouveau *bassin* » *de Briey*, où l'on peut distinguer deux régions. La ré- » gion méridionale, de Briey, de Conflans, Batilly, est » dite parfois *bassin de l'Orne ;* elle possède un second » groupe de concessions, accordées à la suite des son- » dages de 1882 à 1886, et comprenant 16,147 hectares ; » on y trouve déjà deux sièges d'extraction par puits » à Jœuf (1) et près d'Homécourt (2), et trois autres » en préparation, à Auboué (3), à Homécourt (4) et Moutiers (5). La région centrale enfin, que j'appellerai « *bassin d'entre Moselle-etMeuse*, entièrement nouvelle « et découverte depuis 1892 ». Elle s'étend, d'une part, le long de la frontière d'Alsace-Lorraine, d'Avril à Audun-le-Roman et au delà, et, d'autre part, vers l'ouest-sud-ouest sous forme d'un promontoire allongé, dont l'axe passe aux environs de Landres et qui se termine vers Éton, dans la Meuse, par une sorte de cap étroit.

Le troisième groupe de concessions qui viennent a être instituées dans ce bassin central, en 1899 et en 1900, offre une superficie de 13,010 hectares. et l'Administration des Mines considère qu'il y reste encore un millier d'hectares à concéder. Un sixième siège d'extraction s'y trouve en préparation à Tucquegnieux (6), et d'autres y sont d'ores et déjà décidés par divers concessionnaires.

Quant aux trois nouveaux sièges que M. Rolland citait en 1898 comme en voie de création dans le bassin de l'Orne, les travaux s'y poursuivent activement.

Avant peu d'années, les exploitations souterraines du bassin de Briey fourniront d'excellents minerais de fer à l'industrie française.

Les périmètres de toutes les *concessions* instituées jusqu'à ce jour dans l'arrondissement de Briey ont été tracés sur le plan en relief, avec les désignations desdites concessions.

« Sous le bassin de Briey, la formation présente jus- « qu'à six couches distinctes de minerai, savoir, de haut « en bas : deux couches dites *rouges*, la *jaune*, la *grise*, « *la noire* et la *verte*. Mais habituellement, il n'y a « qu'une couche *rouge*, la *jaune* peut manquer, et sou- « vent la *verte* ou la *noire*. Il ne faut donc compter que « sur quatre couches ou même trois, dont une ou deux « exploitables. La couche *grise* est la plus régulière ;

(1) MM. de Wendel et Cie.
(2) Société de Vezin-Aulnoye.
(3) Société des Hauts-Fourneaux et Fonderies de Pont-à-Mousson.
(4) Société de Vezin-Aulnoye.
(5) Société Métallurgique de Gorcy.
(6) Société des Aciéries de Longwy.

« normalement c'est la plus épaisse, la plus riche, la « meilleure comme qualité, avec gangue calcarifère « (sauf vers le nord).

« La puissance totale de la formation, y compris le « toit (en sables ou calcaires ferrugineux) et les stériles « entre les couches de mine, varie de 19 à 53 mètres. « Quant à la couche *grise*, elle a 1 m. 80 à 9 m. 60 (1) « (épaisseur maxima vers Landres) ; elle renferme gé- « néralement de 30 à 40 pour 100 de fer, sur 2 à 4 « mètres (avec 3 à 14 pour 100 de chaux) ; on y ren- « contre parfois des niveaux plus riches,, mais ce sont « des exceptions ».

Sur la carte jointe à sa communication à l'Académie des Sciences, M. Rolland avait choisi le *mur de la couche grise* pour figurer la topographie souterraine du gisement. Depuis lors, il a jugé préférable, tout bien pesé, de représenter le *toit de la formation ferrugineuse* (au dessous des *Marnes micacées)*

Son plan en relief suppose que les terrains superposés sur presque toute l'étendue du bassin de l'Orne et du bassin d'entre-Moselle-et-Meuse, soit sur un espace à peu près rectangulaire de 34 kilomètres du nord-ouest-nord au sud-est-sud et de 21 kilomètres de l'ouest-sud-ouest à l'est-nord-est (jusqu'à la frontière d'Alsace-Lorraine), — de telle sorte que le toit de la formation ferrugineuse s'y montre à nu.

Les *altitudes* sont indiquées au moyen de courbes de niveau équidistantes de 10 en 10 mètres.

Chaque *sondage de recherche* se trouve figuré à sa place et à l'échelle par une petite tige ; au-dessus, un écusson indique par qui le sondage a été exécuté, sa profondeur depuis la surface jusqu'au toit de la formation ferrugineuse et sa profondeur totale. Des tiges plus grosses et des écussons de couleur rouge correspondent aux *puits d'extraction* déjà en service ou en fonçage.

Au nord, dans le bassin de Longwy (2), le plan en relief ne représente que la surface naturelle du sol (avec les villes, villages, usines, routes, chemins de fer, rivières, bois et forêts, frontières). Mais partout où le minerai affleure sur les flancs des vallées ou est exploité à ciel ouvert, M. Rolland a tracé les *affleurements de la formation ferugineuse* (3), d'après les contours de sa carte géologique de cette région. En outre il y a marqué

(1) Chiffre modifié d'après un nouveau sondage près ds Landres.

(2) Ainsi que tout autour du bassin de Briey.

(3) Ou, plus exactement, du Sous-étage 14b de la Carte géologique détaillée de la France (y compris les *Marnes Micacées*, en-dessus, et les *Grès supraliasiques*, en-dessous).

les orifices des *galeries d'extraction* de minerais et des *puits d'aérage*.

Deux grandes coupes, l'une longitudinale, l'autre transversale, divisent de part en part le plan en relief en quatre compartiments mobiles à volonté.

En l'entrouvrant suivant ces tranches on pourra y voir, tracées à l'échelle, les *coupes géologiques* du terrain et, en particulier, celles de la *formation ferrugineuse*, avec ses variations d'épaisseur. La couche *grise*, en raison de son importance et de sa continuité, a été distinguée (également avec ses diverses épaisseurs).

A l'inspection du toit de la formation ferrugineuse du bassin de Briey, avec ses courbes du niveau, et des coupes susvisées, on jugera bien de l'allure de la formation. « Non seulement celle-ci est lenticulaire, mais, « loin d'être plane, elle offre des alternances fort inté- « ressantes de ploiements synclinaux et anticlinaux à « faible courbure.

« De distance en distance le bassin de Briey est tra- « versé par des failles importantes qui se poursuivent « en Lorraine annexée. Leur direction oscille de N 29° « E au N 52° E... Les failles principales sont accom- « pagnées d'un système parallèle de failles secondaires « et de lignes de cassures. Les terrains sont traversés, « en outre, par un second système de cassures sensible- « ment perpendiculaires. Le bassin de Briey se trouve ainsi divisé en compartiments plus ou moins grands ; « certaines parties sont littéralement hachées ».

Les *failles*, avec les *rejets* correspondants de la formation ferrugineuse sont également figurées à l'échelle sur le plan en relief. On peut citer les failles de Crusnes (100 mètres de rejet un peu au sud-ouest de Crusnes) et de Bonvillers (75 mètres de rejet un peu au sud-ouest de Mont), la faille d'Audun-le-Roman, la faille d'Avril (60 mètres de rejet un peu au sud-ouest d'Avril), la faille de l'Orne, etc. Comme pour tout ce qui concerne cette topographie souterraine en général, les failles ne sont représentées que dans la partie française. Ainsi, on n'y voit pas la faille de Fontoy, en Alsace-Lorraine ; d'ailleurs celle-ci « meurt à la frontière, mais sur son prolongement on remarque un fond de bateau, passant par Tucquegnieux ».

« Les sondages ont rencontré l'eau à des profondeurs « très variables sous la surface (0 m. 60 à 70 mètres). « Le plus souvent son niveau est resté stationnaire. « Parfois il a baissé. Plus souvent il a monté, par suite « de la rencontre de nappes ascendantes (principale- « ment dans la formation). A signaler enfin huit son- « dages et un puits jaillissants, situés soit vers l'aval- « pendage de la formation, soit à proximité de failles».

Les *sondages jaillissants* sont distingués sur le plan en relief au moyen d'écussons de couleur bleue.

« La question de l'épuisement des eaux ne laisse pas « que de préoccuper vivement pour les futures exploi- « tations du bassin de Briey. Règle générale, le gisement « ferrugineux est plus ou moins aquifère. Toutefois, « quand on pourra choisir des massifs de terrain non « disloqués, on aura chance de ne rencontrer que peu « d'eau dans les travaux ; mais des mesures devront « être prises pour faire face à des venues d'eau brusques « et abondantes, toujours à craindre dans des terrains « aussi fissurés ».

III. — La Collectivité d'exploitants de Meurthe-et-Moselle

Maintenant que nous avons étudié le relief du bassin de Briey, voyons les documents exposés par la collectivité d'exploitants de Meurthe-et-Moselle.

Cette collectivité comprend lès sociétés suivantes :

1. MM. de Wendel et Cie.
2. Société des Aciéries de Longwy
3. Société des Aciéries de Micheville.
4. Société métallurgiqne de Gorcy.
5. Société G. Raty et Cie.
6. Société métallurgiqne de Senelle-Maubeuge.
7. Société F. de Saintignon et Cie.
8. Société métallurgique d'Aubrives-Villerupt.
9. Société lorraine industrielle.
10. Société des hauts-fourneaux de la Chiers.
11. Société des hauts-fourneaux et forges de Villerupt-Laval-Dieu.
12. Compagnie des forges de Châtillon-Commentry et Neuves-Maisons.
13. Société des forges et fonderies de Montataire.
14. Société des forges de la Providence.
15. Société des hauts-fourneaux, forges et aciéries de Pompey.
16. Société de Vezin-Aulnoye.
17. Société des hauts-fourneaux et fonderies de Pont-à-Mousson.
18. Société des forges et aciéries du Nord et de l'Est.

La collectivité des exploitants de minerais de fer de Meurthe-et-Moselle a été représentée auprès de l'Administration de l'Exposition par M. Aubé qui a fait auprès d'elle toutes les démarches nécessaires. M. Villain, ingénieur des mines, s'est chargé de la partie technique de l'Exposition et l'a réalisée avec le concours de M. Hanra, ingénieur civil. La collectivité s'est proposée de présenter un tableau d'ensemble de l'industrie extractive dans le département (les mines de sel exceptées). On a formé, pour cela, une collection des échantillons de toutes les mines exploitées actuellement, en les divisant en trois catégories : 1. Bassin de Nancy ; 2. Bassin de Briey (groupe de Longwy); 3. Bassin de Briey (groupe de l'Orne). Ces bassins en réalité n'en forment qu'un.

Sauf celles du dernier groupe, toutes les mines du département sont exploitées par galeries à flancs de coteau.

Les puits d'extraction ne se rencontrent que dans le groupe de l'Orne. Les minerais des quatre concessions dans lesquelles les puits sont déjà en service ou en fonçage sont spécialement mis en évidence sur l'étagère centrale.

En-dessous de celle-ci, on a disposé des carottes-témoins retirées des nombreux sondages qui ont été exécutés, dans les cinq dernières années, entre Briey, Audun-le-Roman et le département de la Meuse. Plusieurs puits vont s'ouvrir dans ce gisement qui vient à peine d'être concédé. Trois cartes figurent les surfaces concédées : 1. en France et dans les pays limitrophes ; 2. dans le bassin deBriey ; 3. dans le bassin de Nancy.

Le nouveau gisement de Briey est étudié d'une façon particulière au moyen de cinq coupes de sondages et de deux grandes coupes générales.

Enfin deux graphiques indiquent les variations de la production de la fonte et des minerais de fer pendant les vingt dernières années.

Voici comment M. Villain s'exprime au sujet de ces différents objets exposés.

1. — 1. Carte au $\frac{1}{200.000}$

Cette carte a pour but de montrer par des teintes différentes l'étendue des gisements concédés en France, en Alsace-Lorraine et dans le Grand-Duché de Luxembourg.

Le contour septentrional et oriental du gisement coïncide avec le contact du toarcien et du bajocien. Ce contour dessine une ligne d'affleurements à flancs de coteaux, qu'on peut suivre avec quelques légères lacunes depuis Halanzy (en Belgique), jusqu'à Pont-Saint-Vincent au sud de Nancy. Des érosions considérables ont détruit une grande partie du gisement primitif qui s'étendait lors de sa constitution bien plus au nord et bien plus à l'est.

Malgré cette érosion, il n'en renferme pas moins encore des ressources considérables, environ quatre à cinq milliards de tonnes, dont un peu plus de moitié pour la France.

Les principales remarques auxquelles donnent lieu l'examen de cette carte peuvent se résumer comme suit :

a) Malgré son très faible développement le gisement du Luxembourg a donné naissance dans le Grand-Duché à une industrie métallurgique des plus prospères.

b) En Alsace-Lorraine, le gouvernement allemand a concédé dès longtemps la totalité du gîte ; mais les travaux de recherches ont été trop précipités en bien des points et insuffisamment coordonnés. Il en résulte que dans toute la zone concédée, la valeur des couches est très inégalement connue.

La partie située au nord de Fontoy est certainement la plus riche. Des exploitations s'y développent actuellement à Audun-le-Tiche, Aumetz, Boulange, Fontoy. Entre Moyeuvre et Fontoy, les travaux de la maison de Wendel ont déjà enlevé une notable portion du gisement. Enfin, au sud de Moyeuvre, de nouvelles mines sont installées à Gross-Moyeuvre, Montoy, Sainte-Marie-aux-Chênes.

L'extrémité méridionale (Gravelotte, Rezonville, Gorze) semble être très médiocre, si l'on en juge par les mines d'affleurement d'Ars et de Novéant

On remarquera que du côté français (Saint-Marcel, Mars-la-Tour, Chambley) aucune concession n'a été instituée, précisément parce que l'on n'y a rencontré que des couches très pauvres.

c) Dans le bassin de Briey qui nous occupe spécialement, les mines d'affleurement manquent, les couches étant situées à une profondeur qui varie de 75 à 250 mètres. Les plus grandes profondeurs sont à la pointe extrême des caps de Boroncourt et de Brainville-en-Woëvre.

Entre ces deux caps règne une région pauvre tout à fait inexploitable (Ozerailles, Lubey, Fléville, Gondrecourt).

Le bassin de Briey peut se diviser en trois régions, savoir : 1. le groupe de l'Orne au sud ; 2. le groupe du milieu (Sancy, Landres, Baroncourt) ; 3. le groupe du nord (Longwy, Villerupt, Audun-le-Roman). Ce dernier est celui où il y a le plus de mines en exploitation. Les deux autres sont pour ainsi dire encore vierges de travaux.

d) Tout le gisement lorrain est découpé par un grand nombre de failles. Quelques-unes sont accusées par les vallées (Coulmy, Chiers, Moulaine, Alzette, Orne, Woigot, etc.). D'autres sont connues par les accidents stratigraphiques qu'elles ont engendrés (Audun-le-Tiche, Ottange, Audun-le-Roman, Fontoy, Hayange, Avril, Orne, Bonvillers). La plupart de ces failles ont joué lors de la formation du gisement, un rôle tout à fait prédominant dans la répartition des minerais. M. Villain a pu établir ce rôle pour quelques-unes d'entre elles qu'il a appelées « failles nourricières ».

Nous donnons un peu plus loin cette étude technique en entier.

e) Le bassin de Nancy est séparé de celui de Briey par un intervalle stérile de 15 à 35 kilomètres. Il est beaucoup moins important que ce dernier, tant sous le rapport de la surface que de la puissance des couches. Celles-ci sont, d'ailleurs, fortement entamées par les vallées d'érosion (Moselle, Meurthe, Amezule, Mauchère), qui marquent l'emplacement d'anciennes failles nourricières.

A 20 kilomètres au sud du Pont-Saint-Vincent, un lambeau de gisement a été épargné par les érosions. Il est concédé sous le nom de « Côte de Sion ».

f) A l'est du bassin de Nancy, on a indiqué les limites du gisement de sel qu'on exploite en Meurthe-et-Moselle, dans l'étage des marnes irisées.

2. — *Carte au $\frac{1}{80.000}$ des concessions de mines du bassin de Nancy.*

Il a été institué à ce jour, dans le bassin de Nancy, 46 concessions de mines de fer, occupant 18,536 hectares.

Les noms de celles qui étaient en exploitation au commencement de l'année 1900 sont inscrits sur la carte. Les couches les plus régulières se trouvent à Pont-Saint-Vincent, Neuves-Maisons, Chavigny, Ludres, puis à Bouxières-aux-Dames, Frouard et Marbache.

La formation ferrugineuse se compose de minerais, de calcaires et de marnes. On distingue, en général, 3 couches (supérieure, moyenne, inférieure) ; suivant les localités, on donne la préférence aux unes et aux autres.

Dans la partie Nord, c'est la couche supérieure qui est la meilleure ; l'inverse se produit au sud.

L'épaisseur totale de la formation ne dépasse pas une dizaine de mètres, sur lesquels on exploite au plus 3 à 4 mètres, quand on prend deux couches, et 2 mètres à 2 m.50 quand on n'en prend qu'une.

Le bassin de Nancy a produit en 1899 1,700,000 tonnes de minerais.

On s'est souvent préoccupé de rechercher des extensions du gisement au Sud et à l'Ouest du bassin. Les recherches les plus récentes sont indiquées sur la carte Au Sud vers Maizières, Viterne, les résultats ont été mauvais. Dans l'intérieur de la forêt de la Haye, ils ont été plus favorables, sans être réellement encourageants. En tous cas, les couches sont, d'une manière générale, moins belles qu'aux affleurements. A l'Ouest de Liverdun et Marbache, toutes les tentatives faites jadis pour retrouver des minerais exploitables sont demeurées sans succès.

On avait cherché à expliquer ce résultat autrefois par la théorie des affleurements qui consistait à dire que le dépôt du minerai de fer était une formation littorale de peu de largeur, et que les affleurements actuels marquaient l'emplacement des anciens rivages. Les nouvelles découvertes du gisement de Briey ont montré que cette théorie n'était pas tout à fait exacte. Celle des failles nourricières rend compte des faits d'une manière beaucoup plus satisfaisante. Dans le cas particulier des mines du bassin de Nancy, il suffit d'admettre que les failles nourricières coïncidaient avec la direction des vallées actuelles. Les dépôts de minerai qu'elles avaient engendrés ont été en grande partie détruits par les érosions. On comprend facilement que les lambeaux de couches qui ont été épargnés et qu'on exploite aujourd'hui sont d'autant moins riches qu'on s'enfonce sous les plateaux en partant des affleurements, c'est-à-dire qu'on s'éloigne des failles nourricières.

3. — *Carte au $\frac{1}{50.000}$ des concessions de mines du bassin de Briey.*

Les concessions des mines instituées sont, à ce jour, au nombre de 66, se répartissant comme suit :

	Nombre de concessions	Hectares
1° Groupe de l'Orne (au sud de la faille d'Avril)	18	15.735
2° Groupe du milieu (de la faille d'Avril à celle d'Audun-le-Roman)	20	12.719
3° Groupe de Longwy, Villerupt (au nord de la faille d'Audun-le-Roman). . . .	28	11.135
Totaux.	66	39.589

Quatre ou cinq concessions pourront être encore instituées prochainement sur 2 à 3.000 hectares, dans les premier et deuxième groupes ce qui portera leur superficie à plus de 30.000 hectares.

Dans toute cette étendue règne une couche dite « couche grise » d'une qualité exceptionnelle, dont la puissance varie de 2 à 8 mètres et la teneur en fer de 35 à 42 p. 100. La chaux et la silice s'y rencontrent, en outre, en proportions très convenables pour que le minerai puisse être traité seul ou presque seul au haut-fourneau. Le calcaire se présente dans certains points, peut-être avec un léger excès, mais c'est une circonstance heureuse pour la fabrication des fontes Thomas, et cet excès, quand il se rencontrera sera facilement corrigé par les mines plus siliceuses qui existent en grandes quantité dans le troisième groupe.

L'industrie métallurgique possède donc dans les 30.000 hectares des premier et deuxième groupes, une réserve d'un prix inestimable. Même si les hauts-fourneaux venaient à exiger un approvisionnement annuel de dix millions de tonnes, cette réserve pourrait les alimenter pendant plus d'un siècle. Elle ne renferme pas moins, en effet, de deux milliards de tonnes de minerai, dont on peut espérer retirer environ moitié par les travaux de mines.

La formation a été reconnue par des recherches méthodiques, sérieusement contrôlées, au nombre de plus de 150, ayant exigé une dépense d'environ 3 millions de francs. Nous parlerons plus loin de ces résultats.

Dans tous les sondages, la formation ferrugineuse a été traversée au trépan à échantillons, et les carottes des couches ont été soumises à l'examen de l'Administration des mines. (Plusieurs de ces carottes sont exposées.) Un nombre d'analyses incalculable a été exécuté sur les carottes isolées, et quelquefois sur les produits mélangés de plusieurs d'entre elles. Les cotes de chaque couche, soigneusement repérées, ont servi à établir les courbes de niveau de la couche, en tenant compte des failles. Bref, le gisement est aussi bien reconnu que possible, et on peut être certain que les concessions instituées ne donneront pas de sérieux mécomptes.

La région concédée s'étend jusqu'à 20 kilomètres de la frontière franco-allemande.

Elle dessine deux caps avancés vers l'ouest, dont l'un, à Brainville-en-Woëvre, confine à la limite du département de la Meuse, et dont l'autre, à Bouligny et Dommary, franchit cette limite.

Ces deux caps s'expliquent fort bien par la considération des deux éléments qui ont joué un rôle capital dans la distribution des minerais, savoir : l'emplacement des failles nourricières, et le relief du mur de la couche grise (qui a pu être déterminé dans ses grandes lignes au moyen des constatations faites dans les sondages.)

C'est la faille de l'Orne qui a livré passage aux sources ferrugineuses qui ont formé le cap de Brainville ; celle de Bonvillers a engendré de la même manière le cap de Dommary. Le mur de la couche grise à Valleroy est, en effet, à la cote 50, tandis qu'à Brainville il est à — 60 ; d'où une différence de niveau de 110 mètres. De même, à Landres, la cote est 120, tandis qu'elle est zéro à Dommary. Deux plis anticlinaux très bien accusés limitent le dépôt ferrugineux, tandis que la ligne de richesse maximum correspond à un synclinal.

Les composés du fer, apportés dans les eaux de la mer par des émissions hydrothermales jaillissant en divers points des failles nourricières, se précipitaient selon toute probabilité, à l'état pulvérulent dans le voisinage des sources. L'action de la pesanteur combinée avec celle des flots, entraînait et répartissait ce dépôt sur le fond de la mer d'une façon inégale suivant le relief de celui-ci et la direction des courants. Sur la périphérie de la région concédée, le minerai disparaît quelquefois assez brusquement quand il rencontre le flanc d'un anticlinal très accusé. Au contraire, il se raréfie d'une façon progressive, là où le mur de la couche s'étale en plateure,et où l'apport du fer dans les sédiments s'est trouvé réduit relativement.

De plus amples considérations sur le rôle des failles nourricières, dont la connaissance peut avoir des résultats pratiques appréciables, seront exposées plus loin.

Le bassin de Briey a produit en 1899, 2.400.000 tonnes de minerais. La formation ferrugineuse y est bien plu développée que dans le bassin de Nancy. Elle atteint jusqu'à 40 et 50 mètres d'épaisseur et se compose d'une alternance de minerais, de marnes et de calcaires.

Comme à Nancy, ce sont les couches supérieures qui sont exploitées de préférence dans la région Nord (Longwy, Herserange, Hussigny, Villerupt). Les calcaires ferrugineux et la couche rouge y donnent lieu quelquefois à des exploitations de 8 mètres d'épaisseur. Dans le groupe du milieu et dans celui de l'Orne, c'est la couche grise qui fournit, à peu près exclusivement, les produits utiles. Quatre mines en tirent déjà, ou vont en tirer bientôt, des produits de premier choix ; ce sont les mines de Jœuf, d'Homécourt, d'Auboué et de Moutiers, qu'on exploite ou exploitera par puits de 75 à 135 mètres. (Des échantillons de ces mines sont exposés). On peut voir dans cette exposition que 3 couches, en dehors de la grise, sont représentées dans ces spécimens ; savoir : 1° la couche brune, peu riche en fer, mais siliceuse et recherchée à ce titre, en faible proportion, pour servir de fondant à l'excès de calcaire de la couche grise ; 2° la couche jaune utilisable en quelques points au même titre que la grise ; 3° la couche rouge rencontrée principalement dans la région de Moutiers, avec une composition qui permet de l'exploiter avantageusement. Cette puissance et cette qualité exceptionnelle de la couche rouge dans la concession de Moutiers peuvent, avec quelque vraisemblance, être rattachées au passage de la faille du Woigot dans le voisinage.

4. — Coupe du bassin de Briey entre Sancy et Elon.

(Voir coupe page 65)

Cette coupe représente, du côté gauche, l'allure de la couche grise dans la région concédée appelée cap de Dommary. Le mur de la couche passe de la cote 113,24 au sondage CH, à — 19,13 au sondage FA.

La puissance de la couche est de :

6m,25 au sondage	CH	(Landres-Sud).
5m,80 —	CF	(La Malgré).
6m,85 —	DH	(Joudreville-Est).
6m,42 —	CB	(Joudreville).
6m,40 —	CI	(Amermont).
4m,75 —	CO	(Dommary).
2m,24 —	FA	(Eton).

Ce dernier sondage n'est plus exploitable, car, en plus de la diminution de puissance de la couche, il indique une décroissance notable de la richesse en fer (teneur de 30 % environ). Aucune autre couche que la grise n'est exploitable dans cette région, mais on voit par les puissances mentionnées ci-dessus qu'elle est superbe. Quant à sa composition, on en aura une idée en se reportant aux coupes des sondages CE et CO (numéros 7 et 10 de l'exposition).

La partie de droite de la coupe représente la formation comprise entre Bonvillers et la frontière ; la couche grise y a une épaisseur de :

3^m,75	au sondage	BI (Mairy).
3^m,70	—	BC (Bois-St-Pierre).
4^m,86	—	BH (Grand-Bois).
4^m,75	—	BP (Trieux).
3^m,79	—	BQ (Sancy).

La composition des couches est donnée par les coupes des sondages BC et BH, exposés sous les numéros 8 et 9.

5. — Coupe du bassin de Briey entre Mercy et Avril.

Cette coupe montre : 1° la forme synclinale du dépôt entre les failles d'Audun le Roman et d'Avril ; 2° les importantes modifications qui se manifestent dans les dépôts ferrugineux, à la rencontre des failles.

Sur le bord relevé (côté Mercy) de la faille d'Audun, la couche rouge est seule exploitable ; la couche grise renferme surtout des sédiments pauvres et ne peut être utilisée. Au contraire, en aval de la faille, la couche rouge ne vaut rien ; tandis que non seulement la couche grise est bonne, mais encore elle est surmontée d'une couche jaune s'étendant jusqu'au sondage BC. Cette couche pourra être utilisée dans la région de DF, où elle a 2 mètres 20 de puissance et 33 p. 100 d'épaisseur, 15 de chaux, 7 de silice.

A la faille d'Avril on observe, en passant du côté aval au côté amont, que l'épaisseur de toutes les parties se réduit notablement. Le côté abaissé est ici, comme dans beaucoup de cas, celui qui offre les couches les plus épaisses.

Il n'est pas douteux d'après cela que les failles d'Audun et d'Avril ont été nourricières ; quant à fixer l'emplacement précis des sources ferrugineuses dont l'émergence doit être rattachée à ces failles, c'est encore impossible à l'heure actuelle.

6. — Coupe du sondage de Bonvillers (CS).

Ce sondage est situé tout contre la faille de Bonvillers, côté Est.

Il a révélé l'existence d'une belle couche grise de 4 mètres 50 contenant (analyse moyenne) :

Fer	38.08
Chaux	15.40
Silice	5.83
Phosphore	0.91
Soufre	0.036

COUPE DU BASSIN DE BRIEY ENTRE SANCY ET ETON

PLANCHE IV

ECHELLE { DES LONGUEURS
DES HAUTEURS

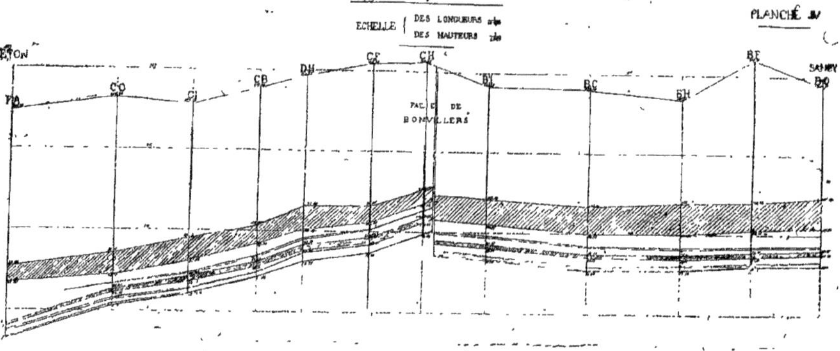

COUPE DU BASSIN DE BRIEY ENTRE MERCY ET AVRIL

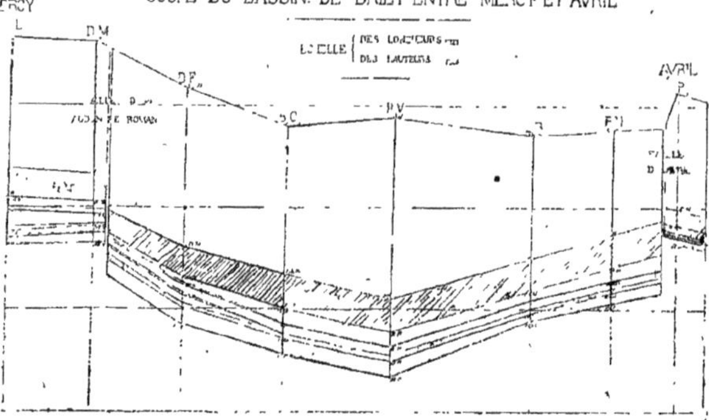

LEGENDE

- MARNES MICACÉES
- COUCHE ROUGE
- COUCHE JAUNE
- COUCHE GRISE
- COUCHE BRUNE
- COUCHE VERTE

et celle d'une couche supérieure à la couche grise, qu'on a dénommée suivant l'usage « couche jaune » mais qui ne mérite pas ce nom si on s'en rapporte exclusivement à son aspect. Les minerais de ce sondage sont d'une couleur rougeâtre très prononcée (une carotte figure à l'Exposition) qui donne à penser que le dépôt s'est formé au sein d'eaux chaudes, hypothèse très admissible, attendu que la faille nourricière de Bonvillers est tout proche.

7. — Coupe du sondage Pienne (CE).

Ce sondage offre un spécimen de la belle couche grise du gisement central, son épaisseur est de 5 mètres 60 et sa composition moyenne est de :

	P. 100
Fer	41.94
Chaux	9.23
Silice.	5.38
Alumine.	5.44
Phosphore	0.89

8. — Coupe du sondage de Grand-Bois (BH).

Ce sondage montre d'une façon assez complète la succession de différentes couches.

La couche rouge est insignifiante, avec 0 m. 50 d'épaisseur et 18,75 pour 100 de fer.

La couche jaune a deux mètres 35, mais n'est pas plus riche. On trouve, au contraire, dans la grise, un excellent produit sur 5 mètres d'épaisseur environ, avec la composition suivante :

	P. 100
Fer	37.56
Chaux	11.40
Silice.	7.04
Alumine.	5.54
Acide phosphorique . . .	1.73

La couche brune a 1 mètre 48 de puissance et 27.62 p. 100 de fer. La verte n'a que 0 m. 77 d'épaisseur mais 38,86 de fer ; 6,27 de chaux et 10,48 de silice.

9. — Coupe du sondage de Bois-Saint-Pierre (BC).

Dans cette coupe, les couches inférieures ont été représentées avec 2 mètres 30 pour la couche verte ; mais les analyses indiquent que les produits ne méritent pas le nom de minerais. Dans ces conditions, il est difficile de dire bien exactement où commencent et où finissent les couches. Il ne faudrait donc pas attacher une importance exagérée à la représentation de ces couches dans la coupe.

La couche grise est bonne mais cependant un peu moins riche que dans les sondages précédents. Elle n'a que de 3 à 4 m. de puissance avec la composition suivante:

	p. 100
Fer	36.03
Chaux	11.20
Silice.	8.63
Alumine	9.63

10. — Coupe du sondage de Dommary (CO).

Ce sondage a rencontré une très belle couche grise, un peu plus riche en fer que celle de ses voisins, mais riche en chaux. Epaisseur 4 m. 75, fer 42 p. 100 ; chaux 6 ; silice 7. La faible teneur en chaux et l'augmentation relative de la teneur en fer tiennent peut être à ce que les minerais découverts par ce sondage sont ceux qui ont dû se former les premiers par la faille de Bonvillers, attendu qu'ils occupent le bas de la pente sur laquelle s'est fait le dépôt, et que dans le trajet prolongé qu'ils ont effectué dans les eaux de la mer, ils ont perdu du calcaire.

La couche noire qui a 3 m. 00 de puissance et 32,57 de fer, 5,16 de chaux et 29,12 de silice pourra peut-être rendre des services en la mélangeant avec des minerais trop calcaires.

11. — Graphique de la production des minerais de fer en Meurthe-et-Moselle. et en France, de 1879 à 1899.

Il résulte de ce graphique que la production des minerais de fer qui s'élevait en 1879 à 2,721,000 t. pour la France, atteint maintenant approximativement 5 millions de tonnes. Le département de Meurthe-et-Moselle en produit à lui seul plus de 4 millions de tonnes. Un certain nombre d'usines qui s'approvisionnaient en partie, de minerais riches et calcaires, en Lorraine annexée et dans le Grand Duché de Luxembourg vont se les procurer bientôt dans les nouvelles mines du bassin de Briey. La marche ascendante de la production va donc se continuer encore en s'exagérant, à moins d'événements imprévus,dans les années qui vont venir.

12. — *Graphique de la production de la fonte en Meurthe et Moselle et en France, de 1879 à 1889*

On ne peut s'empêcher de trouver en regardant ce graphique combien a été lente l'augmentation de la production de nos hauts-fourneaux, surtout dans les dernières années. Cette stagnation déplorable de la production métallurgique doit être attribuée en grande partie à l'insuffisance des voies de communication qui desservent le bassin de Briey, et aussi à la pénurie de charbon qui règne en France.

A la suite de la perte des usines de la Moselle (Ars, Novéant, Maizières, Hayange, Ottange, etc.), conséquence de l'annexion à l'Allemagne d'une partie de la Lorraine, le département de Meurthe-et-Moselle, ne produisait plus, en 1871, que 120.000 tonnes de fonte

L'accroissement de la production a été, depuis lors, de 500.000 tonnes environ, pour chaque période décennale.

Production de 1880.	596.000 t.
— de 1890.	1.084.000 t.
— de 1899.	1.576.000 t.

La France entière a produit en 1899, 2.567.000 t., la Meurthe-et-Moselle fournit donc plus des 3/5 de cette production.

Il y a de sérieuses raisons de penser que la période décennale, dans laquelle nous entrons, apportera une augmentation double des précédentes, et que, par suite, le département produira 2.500.000 tonnes dans une dizaine d'années. Les hauts-fourneaux viennent de se construire ou vont s'élever de toutes parts. On en a déjà établi sept, près de Nancy; dix sont projetés ou en voie de construction dans la vallée de l'Orne, et trois dans le groupe Longwy-Villerupt.

Quand ces nouvelles installations seront prêtes à fonctionner, le département disposera de 80 hauts-fourneaux. Ces évaluations ne tiennent compte que des projets bien arrêtés, et dont la réalisation est déjà commencée, mais il est évident que d'ici dix ans, d'autres extensions ou créations peuvent être décidées, ce qui permet de considérer la production de 2.500.000 tonnes comme un minimum dans dix ans. Il faut d'ailleurs reconnaître que ce développement est encore bien modeste si on le compare à celui des trois grands pays producteurs de fonte qui sont arrivés à produire en 1899 : 1° les Etats-Unis (14.000.000 de tonnes) ; 2° l'Angleterre (9.000.000) ; 3° l'Allemagne (8.000.000). Ces pays ont le grand avantage d'avoir du charbon à discrétion tandis que la France est obligée, au contraire, d'en demander annuellement 12.000.000 de tonnes à l'étranger.

L'approvisionnement en coke des nouveaux hauts-fourneaux est, en résumé, la seule question qui doive préoccuper aujourd'hui, d'une manière particulièrement sérieuse, les maîtres de forges. Ils entrevoient la nécessité de s'adresser prochainement aux pays d'outre-mer pour obtenir le charbon qui leur est nécessaire ; mais, pour cela, il est indispensable qu'ils obtiennent, soit par fer, soit par eau, des conditions de transport économiques leur permettant de recourir à Dunkerque comme port d'importation et d'exportation.

Les Chambres de commerce de la région de l'Est ont réclamé, dans cette intention, au cours d'un Congrès récent, l'exécution du canal de la Chiers, et de celui de l'Escaut à la Meuse.

La Compagnie de l'Est, de son côté, va construire prochainement :

1° La deuxième voie de la ligne à voie unique de Pagny-sur-Moselle à Longuyon ;
2° Une ligne de Briey à Hussigny et Villerupt ;
3° Une ligne de Baroncourt à Audun-le-Roman.

Pour ces dernières lignes, les subventions industrielles fournies par les intéressés, à l'occasion de l'octroi des concessions de mines récentes, s'élèvent à plus de 7 millions.

*
* *

Telle est l'exposition relative au bassin de Lorraine. Rarement, plus grande quantité de documents ont été fournis, et plus sérieux en même temps que plus nombreux sur une même question. Il y a lieu de féliciter particulièrement M. VILLAIN de la façon dont il a présenté au grand public des deux mondes cette exploitation minière de l'Est de la France qui met, pour des siècles, notre pays à l'abri des conséquences terribles qu'aurait eu pour lui la disparition du fer de notre sol.

IV. — CONFÉRENCE DE M. VILLAIN

Nos lecteurs réclameraient certainement d'autres documents géologiques que ceux évidemment succints que nous pouvions leur donner à propos de l'Exposition.

Heureusement, dans une conférence mémorable, donnée le 27 juin 1900, par M. Villain, ingénieur au corps national des Mines, sur le gisement des minerais de fer en Meurthe-et-Moselle à la *Société Industrielle de l'Est*, cet ingénieur a fourni les renseignements les plus circonstanciés sur le bassin qui nous occupe.

Quoique ayant donné ci-dessus quelques chiffres relatés au cours de cette conférence, nous n'hésitons pas à la reproduire ici, car elle forme un tout complet que nous nous ferions scrupule de détruire, ce que la *Société Industrielle de l'Est*, inspiratrice de cette conférence et l'excellente *Revue Industrielle de l'Est* qui l'a publiée ne nous pardonneraient pas.

Voici cette conférence :

Messieurs,

Pendant longtemps, les maîtres de forges de Meurthe-et-Moselle se sont désintéressés de la question des minerais. On croyait volontiers que les mines servant à l'approvisionnement des usines étaient inépuisables. La conduite des travaux d'exploitation était abandonnée la plupart du temps à des praticiens qui ne suivaient d'autres indications que celles de la routine. Ce n'est vraiment que depuis une vingtaine d'années qu'on s'est préoccupé sérieusement de rechercher de nouvelles mines pour remplacer les anciennes qui s'épuisaient. Les premiers efforts dignes d'être signalés remontent à 1883. Sous l'impulsion de M. Genreau, ingénieur en chef des mines à Nancy à l'époque, un grand nombre de sondages furent entrepris entre la frontière allemande, près Jœuf, et la limite du département de la Meuse, près Brainville-en-Woevre. Cette campagne de recherches aboutit à l'institution de plusieurs concessions, qu'on désigne sous le nom de bassin de l'Orne et qui couvrent un peu plus de 15.000 hectares. Tout récemment, de 1895 à 1899, une nouvelle campagne, bien plus importante que la première, a été entreprise entre la frontière franco-allemande, Briey, Audun-le-Roman et Baroncourt (Meuse). Elle a abouti à l'institution d'une vingtaine de concessions de mines couvrant aussi près de 15.000 hectares. Les deux gisements ainsi concédés étant contigus, forment par leur réunion un bassin de 30.000 hectares, qu'on appelle bassin de Briey. Dans ce bassin, existent plusieurs couches de valeurs très inégales ; l'une d'elles, la couche grise, présente une richesse tout à fait exceptionnelle. Sa puissance n'est presque jamais inférieure à 2 mètres et elle atteint jusqu'à 8 mètres.

On se rendra compte grossièrement du tonnage de minerai contenu dans la seule couche grise de ces 30.000

hectares, en faisant le calcul suivant basé sur la supposition qu'une épaisseur moyenne de 3 mètres de minerai existe sur l'ensemble du gisement, et que le poids du mètre cube en place est de 2 t. 500. 30,000 × 10,000 × 3 × 2 t. 5, ou de deux milliards 250 millions de tonnes. Admettons même qu'on n'en exploitera que 40 à 50 p. 100 (le reste devant être abandonné dans les mines pour la sécurité des travaux ou le triage des produits), il n'en restera pas moins un stock disponible encore respectable de un milliard de tonnes.

On voit ainsi qu'alors même que l'industrie en consommerait 10.000.000 de tonnes annuellement, elle sera approvisionnée par le bassin de Briey pour au moins un siècle.

Cette conclusion est assurément de nature à justifier un grand optimisme dans l'avenir de notre métallurgie lorraine.

Nous nous proposons, dans ce qui va suivre, de faire connaitre les faits et les raisons techniques qui permettent de considérer comme certaines les conclusions que nous venons d'avancer.

*
* *

Coup d'œil général sur les gisements de minerais de fer de l'Est de la France. — Nous commencerons par passer en revue les différents centres d'extraction de minerais qui ont alimenté les hauts-fourneaux de l'Est pendant plusieurs siècles ; nous montrerons que les ressources qu'ils renfermaient étaient précaires, et que leur importance ne pouvait être en rien comparée à celle du gisement lorrain · enfin, en étudiant celui-ci avec quelques détails, nous ferons voir que sa constitution, aujourd'hui bien connue, lui permet d'assurer pendant de longues années l'existence de nos usines métallurgiques.

Nous venons de dire que le bassin de Briey renfermait plus de 2 milliards de tonnes de minerai ; si on y ajoutait les minerais des bassins de Nancy et de Longwy, ceux du Luxembourg et de la Lorraine annexée, on arriverait, selon toute apparence, à une estimation de quatre à cinq milliards de tonnes. Sans contredit, c'est là un gisement magnifique ; mais tel qu'il est, il ne représente encore qu'une partie d'un plus vaste gisement qui a été démembré et détruit sur certains points, par des phénomènes d'érosion successifs qui en ont retranché une portion notable : 1° au Nord, dans le Grand-Duché de Luxembourg ; 2° à l'Est, dans la Lorraine

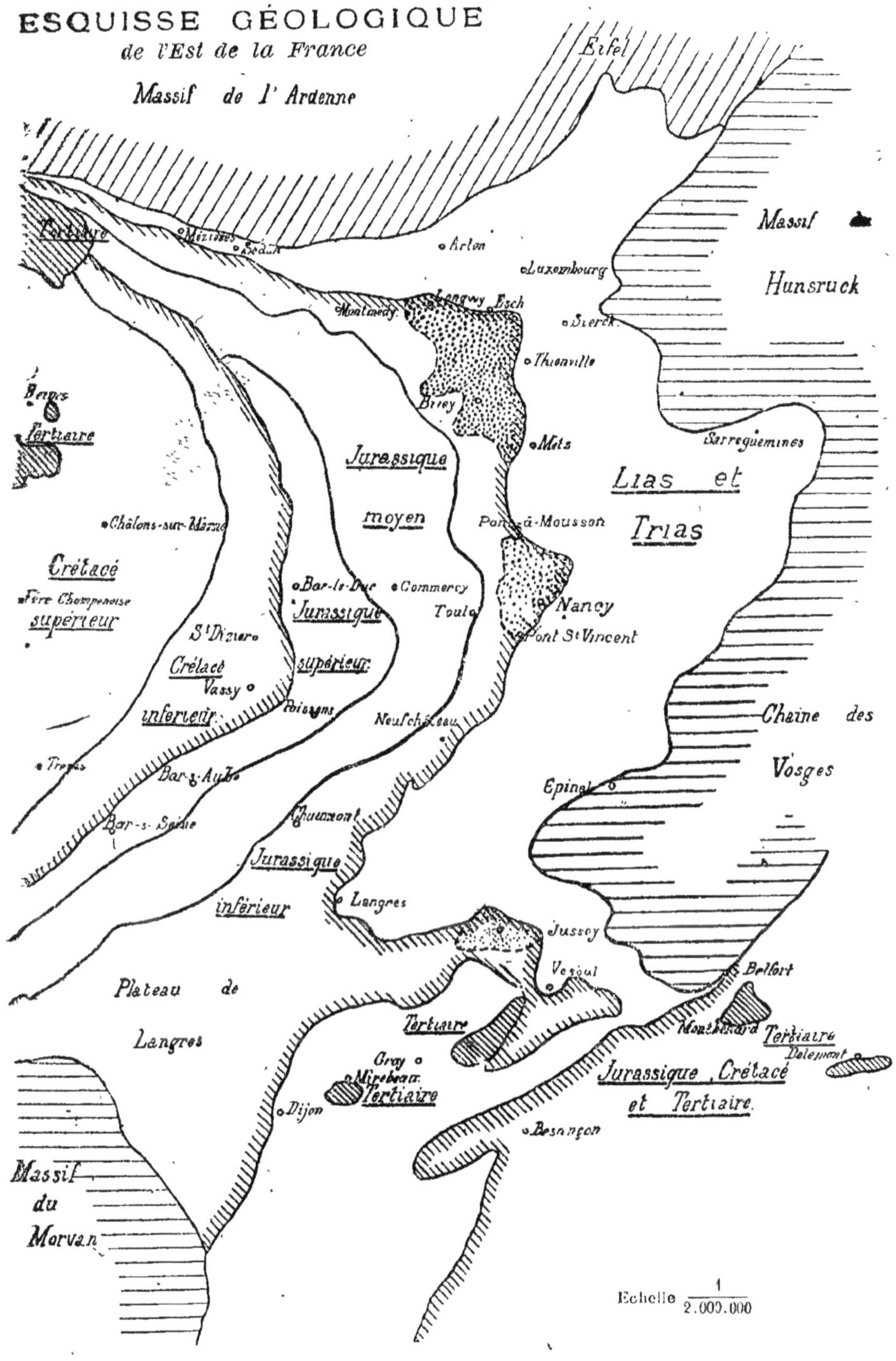

ESQUISSE GÉOLOGIQUE
de l'Est de la France
Massif de l'Ardenne
Eifel
Massif
Hunsruck
Tertiaire
Mézières
Sedan
Arlon
Luxembourg
Montmédy
Longwy
Esch
Sierck
Thionville
Briey
Mets
Sarreguemines
Tertiaire
Jurassique
moyen
Lias et
Trias
Châlons-sur-Marne
Pont-à-Mousson
Crétacé
Fère Champenoise
supérieur
Bar-le-Duc
Commercy
Toul
Nancy
Jurassique
St Dizier
Pont St Vincent
Crétacé
supérieur
Vassy
inférieur
Poissons
Neufchâteau
Chaîne des
Vosges
Troyes
Bar-s-Aube
Epinal
Bar-s-Seine
Chaumont
Jurassique
inférieur
Langres
Jussey
Vesoul
Belfort
Plateau de
Langres
Tertiaire
Montbéliard
Tertiaire
Delémont
Gray
Mirebeau
Tertiaire
Jurassique, Crétacé
et Tertiaire
Dijon
Besançon
Massif
du
Morvan
Echelle 1/2.000.000

et, en France, tout le long de l'affleurement oriental; 3° et aussi dans toutes les vallées où les érosions ont gagné le niveau des couches de minerai: Moselle, Meurthe, Orne (partie aval), la Fentsch, l'Alzette, la Moulaine. etc., etc.

Il est absolument impossible d'évaluer, même si approximativement que ce soit, la quantité de minerai qui a été ainsi détruite et dispersée; cependant, il y a lieu de penser qu'une partie s'en est allée dans les formations de minerais plus récentes. Notamment, les minerais calloviens et oxfordiens de la région de l'Est, paraissent avoir été constitués au moyen de sédiments ferrugineux, provenant de la destruction partielle du gisement lorrain; les minerais des sables verts du département des Ardennes en dériveraient aussi, directement ou indirectement, ainsi que les minerais de fer d'âge quaternaire.

Les industries métallurgiques des Ardennes et de la Meuse qui se sont établies sur les gisements que nous venons d'énumérer devraient donc leur existence, en dernière analyse, à celle du gisement lorrain.

Aujourd'hui que les hauts fourneaux des Ardennes et de la Meuse ont disparu, des usines de transformations continuent néanmoins à subsister dans ces départements en grand nombre ; et c'est toujours, en définitive, la Lorraine qui leur expédie les matières premières qui leur sont nécessaires, mais cette fois, c'est sous forme de fonte ou d'acier brut, et ce n'est plus pour rien.

Le département de la Haute-Marne, dans lequel la Métallurgie a toujours été en honneur, a seul traversé victorieusement la crise qui a fait sombrer les anciennes forges au bois. Cela tient, comme nous le montrerons plus loin, à la richesse relative de ses minerais néocomiens qui présentent, dans leur consistance et leur origine, une autonomie bien marquée.

Enfin cette revue rétrospective de la sidérurgie de la région de l'Est serait incomplète, si nous omettions de mentionner l'industrie franc-comtoise qui était assez prospère autrefois. Les minerais qui l'alimentaient provenaient soit directement, soit indirectement, d'un gisement contemporain de celui de la Lorraine, mais beaucoup moins important.

De ce rapide exposé, il semble déjà résulter que les gisements de minerai de Meurthe-et-Moselle, et une partie de ceux de la Haute-Marne et de la Franche-Comté, ne doivent pas être confondus avec ceux des formations exclusivement sédimentaires, qu'on trouve dans la Meuse et les Ardennes.

Il paraît exister, en effet, des différences profondes

entre ces deux sortes de gisements. Le fer des premiers a été amené à la surface par des émissions hydrothermales venant de la profondeur de l'écorce terrestre. Celui que renferme les seconds n'est dû qu'au remaniement des premiers par les agents de sédimentation. De cette double origine résultent des différences très grandes qu'on observe dans l'allure, la consistance et la richesse des dépôts. Des sources thermales jaillissant avec intensité et pendant longtemps au même endroit. peuvent engendrer des dépôts ou des amas de minerais qui se chiffrent par millions et milliards de tonnes, comme ceux de la Lorraine. Les actions exclusivement sédimentaires, au contraire, prenant le minerai en un point pour le disséminer en beaucoup d'autres, éparpillent le métal en surface au détriment de la richesse locale des gisements.

Ce ne sont donc pas uniquement les progrès de la fabrication de la fonte au coke qui ont fait disparaître les hauts-fourneaux de la plupart des départements de la région de l'Est, mais bien l'insuffisance de leurs ressources en minerai. Cest là un défaut de constitution organique, pour ainsi dire, sans remède.

La carte géologique de la planche V ainsi que la coupe schématique des terrains qui l'accompagne, font voir comment la succession des terrains se présente en allant de l'Est à l'Ouest, depuis le massif des Vosges jusqu'aux environs de Paris.

Les minerais de fer se rencontrent dans les formations :

1° Du lias moyen ;
2° Du lias supérieur ;
3° Du callovien ;
4° De l'oxfordien ;
5° Du néocomien ;
6° Des sables verts ;
7° Tertiaires ;
8° Quaternaires.

Minerais quaternaires. — Ces dépôts, les plus récents de toute la série, se sont formés au détriment des formations antérieures. Leur caractère alluvionnel est très marqué. Les fragments ou grains de minerai, dont la surface est presque toujours lisse et polie sont accompagnés de cailloux roulés, d'argile, de limons et d'ossements d'animaux. Ils sont rassemblés fréquemment dans des cavités et des crevasses des terrains sous-jacents. Quelquefois les minerais ont conservé l'aspect et la structure qu'ils avaient lorsqu'ils étaient en place dans leur gisement d'origine d'autres fois, ils ont subi une dissolution et une reprécipitation chimique. La dissolution

Coupe schématique du bassin de Paris

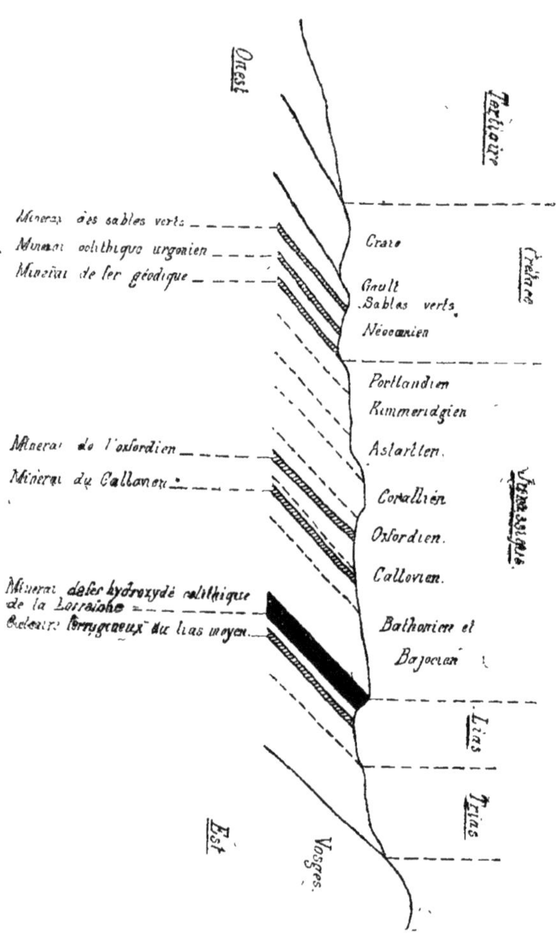

s'est faite, sans doute, grâce à l'acide carbonique de l'eau, et la reprécipitation grâce aux circonstances favorisant la décomposition du carbonate ferreux, notamment les actions oxydantes.

Dans les Ardennes, on a exploité autrefois du minerai qui s'était déposé dans des crevasses du terrain jurassique, à la façon des stalactites et stalagmites. Sa structure était bacillaire, et les ouvriers lui avaient donné, à cause de cela, le nom de « minerai à clous ». Chaque baguette était formée de touches concentriques et très souvent l'axe offrait un vide semblable à celui qui résulterait d'une épingle fine insinuée dans la masse.

C'était un minerai très pur, dont voici une analyse (d'après Sauvage) :

Perte au feu	12,70
Peroxyde de fer.	75,00
Silice et alumine	12,00

Le centre principal d'extraction était à Enelle. Le minerai amené aux usines après simple cassage n'était jamais fondu seul, tant à cause de son prix élevé que de son défaut de chaux.

La répartition des minerais à la surface ou dans les anfractuosités du sol était très irrégulière ; mais d'après ce qu'on en sait, il paraît bien démontré qu'ils proviennent de la reprise, par les agents d'érosion, des dépôts ferrugineux d'âge liasique, callovien ou oxfordien, qui règnent dans toute la contrée.

La forme stalagmatique qu'ils affectent est une preuve indéniable de leur reprécipitation chimique.Il est alors naturel d'admettre que les phénomènes d'érosion ont pu à toute époque non seulement transporter, mais redissoudre des minerais formés antérieurement, pour les engager dans de nouvelles formations. C'est par ce mécanisme que s'expliqueraient une grande partie des dépôts qu'on observe dans les formations de la période secondaire, notamment celles du callovien, de l'oxfordien et des sables verts, que nous allons examiner.

Minerais du lias. — Devant étudier longuement, un peu plus loin, les minerais du lias supérieur nous n'en dirons rien pour le moment. Ceux du lias moyen ne sont représentés en Meurthe-et-Moselle que par la formation du *calcaire ocreux*, dans laquelle le fer n'apparaît qu'à l'état tout à fait accessoire.

Dans la Meuse, ce calcaire a mérité, au contraire, le nom de calcaire ferrugineux; il enveloppe les collines comprises entre Ecouviez, Thonne-la-Long et Thonnelle (au Nord de Montmédy), comme une ceinture étroite qui règne au fond de la vallée de la Chiers et se relève sur le flanc de celle de la Thonne où il dessine à mi-côte un escarpement abrupt entre les pentes douces des marnes du lias moyen et du lias supérieur (Buvignier).

Le minerai, qui a été exploité surtout à Thonne-le-Thil, contenait jusqu'à 30 p. 100 de fer et autant de chaux ; il servait principalement de fondant à des minerais plus siliceux et alumineux, traités dans les usines de Thonnelle, Chauvency, Margut et Stenay. Il est assez vraisemblable que l'oxyde de fer qu'il contient provient de l'altération de pyrites. On l'a exploité aussi à Brévilly (Ardennes) et à l'ouest de ce département. pour les hauts-fourneaux de Signy-le-Petit et Laroche. On l'a trouvé également dans la Haute-Marne, en effectuant les travaux du souterrain de Chalindrey, et le haut-fourneau de Condes, près Chaumont, en a consommé pendant quelque temps.

Minerai de callovien. — Cet horizon géologique est caractérisé par un fossile qu'on désigne sous le nom de *Cosmeceras gowerianum.*

Les principaux gisements exploités étaient situés à Poix (Ardennes), à Mangiennes (Meuse) et à Latracey et autres lieux (Haute-Marne).

Dans le département des Ardennes, à Poix, Montigny, Raillicourt, Barbaise, etc de nombreuses minières livraient aux hauts-fourneaux de Saint-Nicolas, des Mazures, de la Grande et la Petite-Commune, Phade, La Cachette, Linchamp, Boutancourt, Guéignicourt, Vrigne-aux-Bois, Vendresse, Brévilly et Haraucourt.

Ces exploitations produisaient annuellement, vers 1840, environ 25,000 tonnes de minerai lavé, valant 10 francs aux forges.

Le minerai a tous les caractères d'une formation littorale. On y a trouvé des bois fossiles amenés sans doute par les courants d'eaux douces qui se déversaient dans la mer.

Il est probable que ces courants venaient de la direction du Luxembourg, quand ils ont entamé les formations ferrugineuses du toarcien de cette région, ils ont entraîné le fer qui s'est déposé sur les bords de la mer.

M. de Lapparent a fait remarquer (*Bull. Soc. Géol. Fr.*, 1897) que l'importance des calcaires à oolithes ferrugineuses du callovien était en relation avec le voisinage des régions émergées.

L'action des courants expliquerait l'irrégularité de la répartition des minerais sur les rivages de la mer callovienne.

Les minières de Mangiennes (Meuse) fournissaient annuellement 15.000 hectolitres de minerais à divers hauts-fourneaux (Billy, Gorcy, Longuyon, la Grandville, Donlon, Herserange). Il fallait cinq parties de minerai brut pour obtenir une partie de minerai lavé. On obtenait des rendements de fonte de 30 à 33 p. 100.

Les exploitations de la Haute-Marne ont eu une certaine importance. On y a même exploité une véritable mine dite « Creux de Fée », près de Latrecey.

Aux environs de Chaumont, à Marault, Leharmand, Jonchery, Bricon, Créancey, etc., les travaux d'extraction se sont poursuivis pendant assez longtemps, mais à faible profondeur. En 1875, on citait encore les hauts-fourneaux de Riaucourt et de Bologne comme s'y alimentant (Salzard).

Jadis un grand nombre d'usines sises à Orges, Châteauvillain, Marmesse, Vraincourt. Brethenay. Condes, Frondes, Montot, Arc, Courlevèquel, Aubepierre, Dinteville, etc..., et de nombreuses usines de la Côte-d'Or brûlaient ces minerais.

Leur production en 1855 était évaluée à 116,000 tonnes. Les gîtes de Marault, dit M. Salzard, dans une brochure (*Minières et Minerais de fer de la Haute-Marne*), à laquelle nous empruntons ces détails, ont même amené dans cette commune dépourvue de cours d'eau la création, en 1769, de deux hauts-fourneaux dont la soufflerie était mue par un manège à cheval. A cette époque la production moyenne et annuelle de chacun de ces deux hauts-fourneaux était de 190,387 kilos de fonte.

Le minerai brut extrait des minières ne rendait au lavage que de 16 à 33 p. 100 (en moyenne 25 p. 100).

Le minerai en couche qu'on exploitait à la mine de Creux de Fée, sous un recouvrement de 45 à 50 mètres de morts terrains, avait 1m. 20 à 1 m. 50 de puissance ; il était verdâtre, et fournissait au lavage, après exposition à l'air pour le faire déliter 40 à 45 p. 100 de minerai bon à fondre.

La formation ferrugineuse se continuait encore vers la Côte-d'Or sur une certaine longueur, mais du côté de Neufchâteau, vers les Vosges, elle se réduisait au contraire à 0 m. 20 ou 0 m. 30 (Manois, Rimaucourt).

La gangue étant très calcaire, il fallait y ajouter 8 p. 100 d'erbue.

En 1860, les hauts-fourneaux de Chateauvillain consomment en moyenne par tonne de fonte :

Minerai du callovien .	2.650 kilos.
Erbue.	200 —
Charbon de bois. . .	1.695 —

En 1867, le haut-fourneau de Chevrollay (à Dancevoir, près de la limite de la Côte d'Or) consommait :

Minerai du callovien .	1.372 kilos.
Minerai de Mokta . .	862 —
Total du minerai.	2.234 kilos.
Castine	200 kilos.
Charbon de bois . .	950 —

Ce dernier tableau montre que l'enrichissement du lit de fusion permettait d'obtenir une notabe diminution dans la quantité de combustible consommé.

Notons, en passant, que ce sera un des principaux avantages de l'emploi des minerais de Briey dans les lits de fusion de Meurthe-et-Moselle.

Le prix de revient des minerais calloviens dans la Haute-Marne était de 12 francs aux usines ; ils rendaient de 35 à 40 p. 100 de fonte.

Minerais oxfordiens. — On les a exploités dans les Ardennes (Neuvizy) et dans la Meuse (Pont-sur-Meuse) à un niveau géologique qui est caractérisé par *ammonites cordatus.*

Les minières de Neuvisy, Launoy, Vieil-Saint-Remy, Villiers-le-Tourneur, Mazerny, etc., fournissaient annuellement environ 6,000 tonnes d'un minerai calcaire valant 10 à 11 francs aux usines, qu'on mélangeait au minerai du niveau des sables verts, très siliceux.

Dans la Meuse on trouve des couches déjà notablement ferrifères (oolithes brun jaunâtre de la grosseur des grains de millet) à Beauclair, Halles, Montigny, entre Stenay et Dun. A hauteur de Verdun, les couches oxfordiennes ne contiennent plus d'oolithes, mais elles reparaissent à Hannonville, à Creue, à Montsec et à Pont-sur-Meuse. Dans cette dernière localité on les a exploitées pour l'alimentation des hauts-fourneaux de Boncourt et de Vadonville (un peu au nord-ouest de Commercy).

Minerais des sables verts. — Ces minerais ont été exploités surtout dans l'arrondissement de Vouziers, et un peu dans la Meuse, à Cierges, sur la limite de cet arrondissement.

Ci-dessous deux analyses de ce minerai desquelles il résulte que non seulement il manque complètement de chaux, mais aussi qu'il contient de la chlorite (silicate de fer). Les minerais de la couche grise du gisement lorrain sont également chloriteux comme nous le verrons plus loin ; mais ils contiennent aussi une notable proportion de chaux. Il est fort probable que le minerai des sables verts provient de la destruction partielle des couches chloriteuses du gisement lorrain, dont le carbonate de chaux aurait été dissous par les eaux. Comme les sédiments ordinaires auxquels le minerai venait se surajouter étaient, lors de la formation des sables verts, exclusivement silicieux, il en est résulté que les minerais sont en fin de compte complètement dépourvus de chaux.

Analyses des minerais de Cierges (Meuse) et de Grandpré (Ardennes), d'après Sauvage et Buvignier :

	Cierges	*Grandpré*
Eau de combinaison . . .	14.40	15.00
Peroxyde de fer hydraté. .	54.80	63.80
Alumine.	2.50	2.50
Chaux	traces	traces
Acide phosphorique . . .	0.70	0.40
Chlorite (silicate de fer). .	21.00	14.60
Quartz	5.40	3.39

Ces minerais rendaient de 45 à 48 p. 100 de fonte. Leur gisement repose sur l'astartien ou le kimmeridgien, les assises supra-jurassiques et infra-crétacées faisant défaut.

Les minières qui y étaient ouvertes dans l'arrondissement de Vouziers fournissaient, vers 1840, 18,000 tonnes de minerai annuellement qu'on brûlait dans les hauts-fourneaux de Champigneulles, Ailliépont, Chéhéry, Apremont, Montblainville, Stenay, etc.

Minerais tertiaires et autres de la Franche-Comté. — Des minerais d'âge tertiaire existent en Franche-Comté et particulièrement (V. Carte géologique, Pl. V): 1. entre Vesoul et Gray ; 2. entre Belfort et Montbéliard ; 3. à Délémont (Suisse).

D'après les fossiles qu'on a retrouvés mélangés aux minerais en grains et aux argiles qui forment ces gisements, le rattachement de leur origine à la destruction des couches jurassiques et même liasiques est rationnel. Ce seraient donc des sédiments provenant de la destruction des couches plus ou moins minéralisées qui existent dans l'oxfordien, le callovien et dans le lias supérieur, principalement aux environs de Jussey et de Vesoul (Haute-Saône) et dans diverses localités du Doubs et du Jura.

Bien que les formations jurassiques et liasiques aient été fortement entamées, dans la région, par des érosions puissantes, il en reste encore néanmoins d'assez nombreux témoins où il est possible d'observer des couches de minerais en place.

Ces couches, inexploitées aujourd'hui, ont été utilisées autrefois. Le minerai du lias supérieur ne rendait guère que 28 à 30 p. 100 de fonte, mais il était calcaire et pouvait se mélanger utilement dans les hauts-fourneaux aux minerais tertiaires ou quaternaires, plus siliceux et plus alumineux à cause de l'argile qui les enrobe. L'épaisseur de la couche exploitée variait de 1 à 4 mètres. Elle était oolithique et phosphoreuse comme celles de Meurthe-et-Moselle, avec lesquelles elle présente d'ailleurs les plus grandes analogies de gisement. C'est le même niveau géologique et il est, comme en Meurthe-et-Moselle, très découpé par une série de failles.

Si l'on admet, comme nous le proposons plus loin, de rattacher l'origine des minerais oolothiques du lias à des émissions de sources ferrugineuses venant de la profondeur, les voies suivies par ces sources paraissent devoir être cherchées dans ces failles.

Dans la Haute-Saône, il a dû exister dans la vallée de la Saône, en aval des affleurements de minerai liasique et en amont des couches tertiaires, des minerais calloviens et oxfordiens aujourd'hui disparus. C'est de leur destruction que proviendraient les minerais pisolithiques tertiaires, dont le gisement repose en général sur l'astartien.

Des minerais liasiques, calloviens, oxfordiens et tertiaires, existent également dans le Doubs et le Jura où ils ont été plus ou moins exploités. En 1862, le Doubs produisait 5.000 tonnes de fonte et le Jura 33,000 tonnes. Les minerais du lias (couche de 1 à 4 mètres) se trouvaient principalement : 1. dans le Doubs, à Laissey, Souvance, Deluz, Rougemontot, Bournois. La production de ce groupe atteignait 61,000 tonnes (en 1862) ; 2. dans le Jura, à Ougney, Saligney, Pagney, Fangy, Malange (production annuelle du groupe, 32.000 tonnes).

Ceux du callovien ou de l'oxfordien étaient connus à Andelot (Jura) et à Chamesol (Doubs).

Dans le crétacé inférieur (néocomien), des bancs oolithiques ferrugineux ont été exploités quelque peu aux Longearilles et à la mine des Fourgs (Doubs). Enfin les minerais tertiaires étaient communs dans les arrondissements de Dôle et de Montbéliard, comme dans celui de Gray (Haute-Saône).

Cette revue rétrospective de la sidérurgie de l'Est de la France, nous montre que l'industrie de la fonte était assez florissante, vers le milieu du XIXe siècle, dans les départements des Ardennes, de la Meuse, de la Haute-Saône, de la Côte-d'Or, du Doubs, du Jura, où l'on a connu des hauts-fourneaux remontant au XVIe siècle.

Le département des Ardennes comptait, en 1842, 31 hauts-fourneaux actifs ou inactifs et produisait 15,000 tonnes de fonte. Le département de la Meuse possédait 36 hauts-fourneaux (dont 13 en chômage) et produisait 16,000 tonnes de fonte.

La production des usines des départements de la Franche-Comté se rapprochait plus ou moins de ces chiffres. Aujourd'hui il ne reste plus de tous ces hauts-fourneaux que celui de Valay (arrondissement de Gray) qui a produit en 1899, 1,583 tonnes de fonte au bois pour la Société d'Audincourt. Il s'alimente de minerai en grains tertiaires, valant 14 francs, la tonne à l'usine.

Minerais néocomiens de la Haute-Marne. — Le département de la Haute-Marne a seul résisté à cette ruine des hauts-fourneaux grâce à ses minerais néocomiens des vallées de la Marne et de la Blaise. Pendant la période de 1850 à 1880, il produisait annuellement de 3 à 400,000 tonnes de minerais de diverses natures. Il en exportait même, bon an mal an, 80,000 tonnes. Aujourd'hui on n'exploite plus que les gisements oolithiques de l'arrondissement de Wassy ; on en a tiré, en 1899, 130,000 tonnes de minerai. Le département comptait pendant la même année 7 hauts-fourneaux actifs (dont 1 au bois) qui ont fourni 56,000 tonnes de fonte.

Le gisement comprend deux espèces de minerai :

1. A la base du néocomien, le minerai de fer géodique » ;

2. A la partie supérieure, le « *minerai oolithique* ».

Les deux formations sont séparées par une épaisseur de stériles pouvant aller jusqu'à 30 mètres et composés de grès, sables, argiles, marnes et calcaires.

Le minerai géodique qui couvre (ou couvrait) une partie des arrondissements de Wassy et de Bar-le-Duc, est rarement en place ; il a fréquemment été dénudé et remanié. Il repose constamment sur le portlandien, en stratification discordante.

La surface corrodée et usée du soubassement portlandien indique que la mer crétacée n'est venue le recouvrir qu'après un temps d'émersion assez prolongé pendant lequel les actions atmosphériques ont modifié son relief.

Le dépôt du minerai semble avoir été la conséquence des mouvements de terrain qui, avant de ramener la mer crétacée sur le portlandien, ont provoqué l'ouverture de failles par lesquelles sont venues des sources ferrugineuses contenant surtout du carbonate de fer. La faille la plus importante à signaler est celle de Narcy-Cousances, qui se dirige à peu près comme la vallée de la Marne actuelle, du Sud au Nord, entre Joinville à Baudonvilliers. Dans sa partie septentrionale, cette faille montre aujourd'hui une dénivellation de plus de 100 mètres, entre Bettancourt-la-Ferree, à l'Ouest, et Aulnois à l'est. A Chatonrupt, vers son extrémité méridionale, le rejet est encore à 50 mètres. Le côté affaissé est le côté oriental.

Lorsque la faille s'est ouverte au commencement des temps crétacés, il est probable qu'elle n'avait qu'un rejet peu important. Ce n'est que plus tard, après avoir rejoué de nouveau, une ou plusieurs fois, qu'elle a pris l'ampleur qu'on lui connaît aujourd'hui.

Il est remarquable que les deux amas de fer géodique les plus considérables qu'on ait connus soient situés dans des localités très rapprochées de cette faille.

Dans la Meuse, c'est à Aulnois (côté oriental de la faille) qu'on a trouvé le maximum de richesse; et dans la Haute-Marne, c'est à Bettancourt (côté occidental).

Dans cette dernière localité, d'énormes crassiers gallo-romains témoignent de l'activité que la métallurgie du fer y avait autrefois.

Le toit du minerai est très régulier, tandis qu'au contraire le mur présente une grande irrégularité.

On a trouvé à Aulnois, comme à Bettancourt, une certaine quantité de minerai carbonaté en plusieurs bancs de 0 m.20 à 0 m. 25, formant en tout une puissance de 1 mètre.

Ci-dessous deux analyses montrant la composition du minerai carbonaté et du minerai géodique:

	Minerai carbonaté.	*Minerai géodique.*
Perte au feu	29.60	14.10
Silice	4.10	12.00
Alumine	1.90	8.30
Chaux	5.30	2.60
Protoxyde de fer	38.80	» »
Peroxyde de fer	16.30	60.30
Acide phosphorique	2.50	2 »
Fer métallique	41.60	42.20

On remarquera dans ces analyses la pureté du minerai carbonaté, comparé au minerai géodique, qui est silico-alumineux.

Ce fait s'explique bien si l'on admet que le carbonate est l'état sous lequel le fer est venu au jour. Lorsque l'action oxydante à laquelle il était soumis à l'émergence n'a pas été assez active pour le transformer en oxyde, il est resté à l'état vierge, sans mélange avec la gangue pauvre en fer. Au contraire, les parties soumises à l'oxydation dégageaient de l'acide carbonique, qui corrodaient le calcaire portlandien, laissant comme résidu insoluble de l'argile qui se mélangeait intimement avec le minerai géodique. Souvent les géodes contiennent dans leur intérieur des boules d'argile emprisonnées lors de la consolidation du minerai.

Le gisement de Chatonrupt a été ainsi décrit par M. Salzard : « Ce magnifique dépôt forme un remplissage « dans les érosions et les calcaires portlandiens supé- « rieurs. Il ressemble à un immense champignon ayant « un chapeau de minerai de 5 à 6 mètres d'épaisseur « maximum, tombant à zéro sur les bords et qui aurait « une multitude de pieds, également en minerais, pé- « nétrant dans les anfractuosités des poches de calcai- « res sous-jacents. Ces nombreuses poches ont leurs « parois tapissées d'une couche d'argile plastique qui, « en se détachant, laisse voir une roche jaunâtre dont « les parois sont polies et striées comme à Poisson et « Montreuil » (deux autres gisements de minerai géodique). On a constaté, d'une façon générale, que ces poches vont en se rétrécissant par le bas, de sorte que le minerai disparaît complètement à une certaine profondeur, variable suivant les points.

Nous avons représenté par un schéma (fig. 4 de la planche V) comment les choses se présentent quand une source ferrugineuse carbonique émerge d'une faille nourricière à la surface d'un plateau calcaire émergé. Dans la partie voisine de l'émergence, les filets liquides projetés dans l'atmosphère retombent en gerbes, comme celle des geysers, et ils creusent aux points de chute des entonnoirs très profonds, très resserrés et séparés les uns des autres par des sortes de rochers, entre lesquels le minerai se rassemble. On constate toujours que la richesse maxima du dépôt se trouve à la partie inférieure de ces trous. Quand les eaux étaient retombées sur le sol, elles y circulaient en suivant des déclivités ou des dépressions. Leur richesse en acide carbonique ainsi que leur température leur permettaient de ronger la surface du calcaire portlandien, d'où l'aspect tourmenté du mur de la formation qu'on a constaté partout.

Nous avons eu l'occasion de voir nous-même, il y a quelque temps, à Bilbao, le gisement de minerai dit « Campanil », qui était si réputé il y a quelques années à peine. Il est aujourd'hui épuisé et a été vidé jusqu'à sa base. On a trouvé le mur de l'amas constitué comme dans le gisement du néocomien de la Haute-Marne,par une alternance d'entonnoirs et de rochers qui donnent à la région exploitée un aspect des plus pittoresques.

C'est à tort, selon nous, qu'on a cherché dans le fond des entonnoirs de la Haute-Marne les ouvertures supposées, par lesquelles seraient venus les minerais.Ceux-ci venaient des failles nourricières et non des entonnoirs. Dans la Haute-Marne, la faille de Narcy-Cousances était nourricière ainsi que celle de la Blaise, et probablement aussi celle de Poissons. Le rôle de la faille de Narcy est bien mis en évidence par ce fait cité par M. Salzard, que le plus riche dépôt de minerai oolithique du néocomien supérieur exploité dans la Haute-Marne était celui de Narcy, tout contre la partie abaissée de la faille.

Ce minerai oolithique s'est formé par une reprise d'activité des sources ferrugineuses qui,cette fois, ayant déversé leurs apports dans le sein des eaux de la mer urgonienne (la région était alors immergée), ont donné naissance à des couches oolithiques d'une grande régularité. Ces couches se poursuivent avec une grande continuité en dessous des argiles à plicatules de l'étage aptien, et on n'a qu'à foncer des puits à travers cet étage pour être sûr, dans la région ferrifère de Louvemont, Voillecomte, Pont-Warin, etc., de trouver la couche de minerai en dessous.

Les minerais en couches, contrairement aux gisements en amas, constituent, en effet, des formations régulières s'étendant uniformément sur de larges surfaces.

C'est cette particularité qui afait le succès des gisements aurifères du Transvaal. Nous allons voir que c'est à elle aussi qu'est due l'importance du gisement de Briey.

Gisement du lias supérieur de la région lorraine

Les minerais oolithiques de la Lorraine sont situés à la partie supérieure du lias (étage toarcien). Ils sont recouverts par les calcaires de l'oolithe inférieure (bajocien). Ceux-ci sont aussi surmontés parfois par les terrains du bathonien. Autrefois les étages callovien et oxfordien régnaient également sur une partie de la surface du gisement exploitable ; mais ces deux étages ont été détruits par des érosions postérieures, de sorte que leurs affleurements actuels se trouvent reculés vers l'ouest, au delà de la région des mines concédées, sauf dans la région de Brainville-en-Woëvre, où M. Nicklès a nettement reconnu les couches à *cosmoceras gowerianum.*

Les témoins qui subsistent encore aujourd'hui de l'existence ancienne de l'oxfordien à l'aplomb du gisement de minerai, consistent principalement en cailloux quartzeux ayant résisté aux érosions. Ces cailloux sont très nombreux, épars à la surface des champs, à Sorbey, près Longuyon, à Mairy et Norroy-le-Sec, dans l'arrondissement de Briey, et dans la forêt de Haye.

M. le docteur Bleicher en a trouvé dans les fentes des carrières de la route de Toul, près Nancy, de nombreux spécimens qui contenaient des fragments d'oursins *(cidaris florigemma).*

L'épaisseur des terrains enlevés par les phénomènes d'érosions ne paraît pas devoir être évaluée à moins de 200 mètres en certains points.

Dans l'état actuel des choses, si on suit le gisement de Briey de l'ouest à l'est, de Dommary à Thionville par exemple, ou de Brainville-en-Woëvre à Metz, on recoupe successivement les affleurements du bathonien (et même du callovien auprès de Brainville), du bajocien, du minerai oolithique et du lias.

Les deux premières de ces formations sont donc à traversera avant d'arriver au minerai ; c'est ainsi que le mur de la couche grise est situé aux profondeurs de :

240 mètres à Brainville ;
212 — à Giraumont ;
157 — à Moineville ;
135 — à Auboué ;
70 — à Jœuf ;

et qu'à Moyeuvre, il affleure sur le versant gauche de la vallée de l'Orne.

Dans la direction de Dommary-Sancy, dans la partie médiane du bassin de Briey, l'épaisseur du recouvrement, comptée à partir du mur de la couche grise est de :

240 mètres à Dommary ;
220 — à Norroy ;
240 — à Sancy.

A Sancy, le sol est formé par le bathonien supérieur à Norroy, on trouve le bathonien moyen.

Gisements des minerais de sel et de fer

CONCÉDÉS DANS LE BASSIN DE NANCY

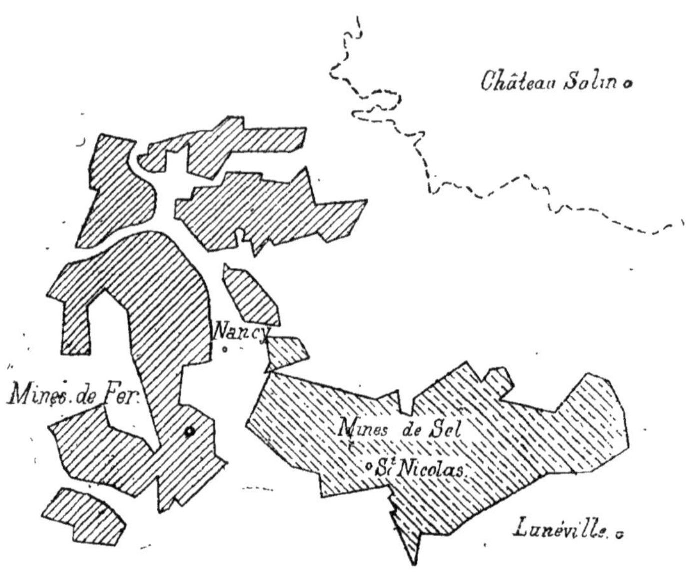

Côte de Sion

Échelle : $\frac{1}{400.000}$

Le mur de la couche grise est situé, en général, à une vingtaine de mètres du toit de la formation ferrugineuse. Au-dessus de celle-ci règne une puissante assises de marnes, dites marnes micacées ; ensuite, viennent les calcaires du bajocien, terminés à la partie supérieure par une assise dite *Polypier*, parce qu'elle est d'origine corallienne ; cette assise est connue aussi, dans le pays, sous le nom de*Castine*. Elle constitue un horizon commode pour les explorations géologiques et elle nous a servi à différentes reprises pour déterminer le passage des failles, les autres assises du bajocien ne présentant aucun caractère distinctif et étant, d'autre part presque dépourvues de fosiles.

Au-dessus du bajocien, auquel on peut donner une épaisseur moyenne de 100 à 120 mètres (non compris les marnes micacées), vient le bathonien qu'on subdivise en 3 parties, savoir : 1° le bathonien inférieur débutant par le niveau des marnes à *ostrea acuminata*. Au-dessus de ces marnes, se trouve une formation calcaire qui se termine par l'oolithe de Jaumont, ou « pierre de taille ». Cette oolithe constitue encore un horizon très précieux pour les reconnaissances géologiques;

2° Le bathonien moyen constitué à sa base par des marnes à *Clypeus Ploti* et à sa partie supérieure par les caillasses à *anabacia orbulites*, très bien caractérisées par ce petit polypier qui est très abondant;

3° Le bathonien supérieur débute encore par une assise de marnes dites « marnes du talus de Conflans ». à *Ostrea Knorri*, qui sont recouvertes elles-mêmes par des calcaires marneux présentant parfois d'assez grandes analogies avec les caillasses à *anabacia;* mais au lieu de ce polypier, ce sont des bivalves des genres térébratules et rhynchonelles qui caractérisent ce niveau.

Les alternances de calcaires et de marnes qui forment le bathonien (auquel on peut donner une puissance de 70 à 80 mètres), contribuent à donner à la région un relief spécial, très mamelonné, les buttes de marnes épargnées par les érosions se couronnant, en général, de terrasses peu étendues. Au contraire, la région du bajocien offre des plateaux très vastes, découpés de ravins profonds qui contrastent notablement avec la région bathonienne.

Niveaux aquifères. — Le premier niveau d'eau important qu'on rencontrera dans le fonçage des travaux de mine est celui qui règne dans le bathonien moyen dans les caillasses à anabacia. Le second, beaucoup plus important, est celui du bajocien inférieur, au-dessus des marnes micacées.

Enfin, la formation ferrugineuse, en dessous de ces marnes, est elle-même fréquemment submergée par les eaux des niveaux supérieurs qui y sont amenées par des cassures; de sorte qu'en résumé, les difficultés d'épuisement auquelles les exploitants de mine auront à faire face dans le fonçage des puits, comme dans l'exploitation des minerais, paraissent devoir être très grandes, surtout dans les régions failleuses. Plusieurs sondages ont même rencontré des eaux jaillissantes qui trahissent l'existence de nappes artésiennes dans la région ferrifère. Certains de ces sondages,comme ceux du Porcher (près Brainville), du Breuillot (près Jarny), du lavoir de Norroy, fournissent encore à l'heure actuelle des débits importants.

Affleurements de minerais. — Quand les terrains de recouvrement ont été enlevés par les érosions, le minerai affleure et on peut suivre la trace des couches sur le flanc des vallées. En allant du Nord au Sud, on peut citer les affleurements d'Halanzy et Musson, en Belgique; du Coulmy, de la Chiers, de la Côte-Rouge, de la Moulaine et de l'Alzette, dans la région de Longwy-Villerupt; du Luxembourg, entre Rodange et Dudelange, en passant par Differdange, Esch et Rumelange; de la vallée de la Moselle et de ses différents affluents de rive gauche, notamment le Fentsch et l'Orne.

Dans le bassin de Nancy,les couches affleurent en de nombreux points, sur les pourtours des plateaux au pied desquels coulent la Moselle, la Meurthe, l'Amezule, la Mauchère. Sur le pourtour de la forêt de Haye, en particulier, les affleurements peuvent être suivis du fond de la Flye au fond de Monvaux,en passant par Frouard, Champigneulles, Maxéville, Villers, Laxou, Vandœuvre, Houdemont, Ludres, Neuves-Maisons, Chavigny et Maron. Le gisement plonge en dessous du niveau de la Moselle vers le Sud-Ouest, à partir d'une ligne joignant Liverdun au fond de Monvaux.

BASSIN DE NANCY

Les mines de la région de Nancy sont déjà anciennes, exploitées depuis assez longtemps. Leurs travaux n'offrent d'ailleurs rien de remarquable. Etant toutes exploitées par galeries à flancs de côteaux, les procédés d'extraction et d'épuisement qu'on y emploie sont des plus rudimentaires.

Nous nous y arrêtons donc pas longtemps. 46 concessions, couvrant 18.536 hectares, sont actuellement instituées dans le bassin. Celles qui sont en activité ont produit, en 1889, 1,700,000 tonnes de minerais.

Le gisement est très morcelé par les vallées qui découpent les terrains. Il est bien certain que les couches de minerai s'étendaient autrefois plus à l'Est, au delà d'Amance, pour la partie Nord du bassin, et au delà de Ludres, pour la partie Sud. La limite méridionale du gisement exploitable reste un peu en deça de Maizières et Viterne.

Un lambeau isolé de minerai, situé à 20 kilomètres au Sud de Pont-Saint-Vincent (côte de Sion), a été concédé il y a quelques années.

Vers l'Ouest, au delà d'une ligne qui joindrait Dieulouard à Sexey-aux-Forges, les couches sont appauvries au point de ne plus être exploitables. Enfin, au Nord de Belleville et Millery, elles disparaissent à peu près complètement.

Des recherches ont été faites en différents points pour retrouver, si possible, le prolongement occidental des couches de minerai ; elles ont toutes abouti à cette même conclusion que plus on s'avance vers l'Ouest, plus l'appauvrissement est sensible.

Il y a lieu, à ce propos, de mentionner spécialement les recherches intéressantes qui ont été faites au cours de ces dernières années, dans l'intérieur de la forêt de Haye par trois Sociétés. Ces recherches ont donné des résultats médiocres, sauf dans la région orientale, où l'on n'a pas rencontré toutefois de couches d'une régularité comparable à celles qu'on exploite aux affleurements de Ludres et Chavigny.

Théorie des affleurements. — Depuis longtemps on avait constaté, qu'en général, les couches diminuent de puissance et de richesse au fur et à mesure qu'on s'éloigne des affleurements et qu'on pénètre plus avant sous les plateaux. Comme la formation ferrugineuse a, d'autre part, tous les caractères d'un dépôt littoral, on pensait que le minerai ne s'était déposé sur les bords de la mer que sur une faible largeur et que les affleurements actuels indiquaient le contour des anciens rivages.

La découverte récente des couches profondes de Briey montre que cette théorie n'est pas exacte. On observe, en effet, dans le gisement de Briey que la richesse des dépôts ne va pas en décroissant au fur et à mesure qu'on s'éloigne des anciens rivages de la mer liasique. Au contraire, certaines portions du gisement, plus éloignées que d'autres du littoral, sont très nettement supérieures comme puissance et qualité. Le fait que les couches de minerai sont presque toujours dans le bassin e Nancy plus puissantes et plus riches dans la région des affleurements s'explique très bien par la théorie des failles nourricières que nous exposerons plus loin.

L'oxyde de fer amené par des sources circulant dans ces failles, se précipitait dans les eaux de la mer à l'état pulvérulent et formait autour du centre d'émission une lentille aplatie, comme l'indique la figure 1 de la planche V. La figure 5 montre comment une lentille de minerai a pu être détruite en partie lors du creusement d'une vallée alignée suivant la direction de la faille nourricière. Il est manifeste que, dans le lambeau de lentille qui subsiste à droite et à gauche de la vallée, l'appauvrissement doit nécessairement se faire sentir de plus en plus au fur et à mesure qu'on s'éloigne des affleurements.

Couches exploitées dans le bassin de Nancy. — Dans le bassin de Nancy, la formation ferrugineuse, composée d'une alternance de minerais, de marnes et de calcaires, n'a que de 8 à 10 mètres d'épaisseur. Le minerai y est réparti en 3 couches principales (supérieure, moyenne, inférieure). On n'exploite pas de couches notablement inférieures à 1 mètre. Dans les mines de Pont-Saint-Vincent, c'est la couche inférieure qui est utilisée. Dans les mines de Val-de-Fer, Messein, Ludres, etc., c'est la couche moyenne et la couche inférieure. Dans la région nord du bassin, à Frouard, Bouxières, Marbache et Vieux-Châteaux, la couche supérieure est, au contraire, seule exploitée. Aucune couche n'a plus de 2 m. 50 d'épaisseur.

Les minerais les plus appréciés sont ceux des affleurements qui se présentent avec une couleur chocolat ou ocreuse, indiquant qu'ils ont subi l'action des agents d'xoydation, en particulier celle des eaux. La transformation du protoxyde de fer en peroxyde, dans le sein même des fragments de minerai, a dû entraîner une modification dans leur état physique, qui les rend plus perméables aux gaz et plus facile à réduire. Ils sont aussi plus calcaires, moins marneux que les minerais de la profondeur. Leur disparition progressive est donc très regrettable pour les maîtres de forges qui se voient obligés, lorsque ces minerais leur manquent, d'augmenter les proportions de castine et de coke dans les hauts-fourneaux. L'addition des minerais de Briey, à la fois riches en fer et en chaux, permettra de retrouver et même d'améliorer encore les anciens rendements des usines de Nancy, tout en leur permettant de tirer parti des minerais siliceux qui existent encore en assez grande quantité dans le bassin.

NOMENCLATURE DES MINES DE FER

1° — BASSIN DE BRIEY

Numéros	Désignation des concessions	Dates d'institution	Superficie	Propriétaires ou exploitants
			Hect.	
1	Coulmy	26 juill. 1844.	62	F. de Saintignon et Cie.
2	Chatelet	9 nov. 1844.	6	Boulmy et Cie.
3	Romain	9 août 1848.	140	Soc. métal. de Gorcy.
4	Warnimont	24 juill. 1857.	114	Comte de Ludres.
5	Senelle	24 févr. 1864. 27 juill. 1889. 30 août 1892.	784	Soc. des h.-fourneaux de la Chiers.
6	Mont-St-Martin	17 sept. 1864. 27 avril 1881. 6 avril 1882.	626	Société des aciéries de Longwy.
7	Mexy	7 févr. 1866.	230	F. de Saintignon et Cie.
8	Saulnes	14 août 1867. 7 nov. 1890.	97	G. Raty et Cie de Saintignon et Cie.
9	Lexy	21 déc. 1867.	469	Soc. des forges de la Providence.
10	Pulventeux	21 déc. 1867.	216	Soc. des minières et h.-fx. de Longwy-Rehon
11	Moulaine	1er févr. 1868.	371	Soc. des ac. de Longwy.
12	Mont-de-Chat	2 sept. 1868.	221	Soc. des h.-fourneaux de la Chiers.
13	Rehon	1er mai 1869.	343	F. de Saintignon et Cie.
14	Herserange	13 juil. 1870.	433	Soc. des ac. de Longwy.
15	Villerupt	25 févr. 1873. 19 juin 1875.	326	Soc. métal. d'Aubrives Villerupt.
16	Longlaville	25 juin 1873.	261	G. Raty et Cie.
17	Micheville	21 nov. 1874. 10 oct. 1878.	400	Soc. des aciéries de Micheville.
18	Hussigny	3 janv. 1875.	206	Soc. des forges de la Providence et Soc. des aciéries de Longwy.
19	Jœuf	19 juin 1875. 10 févr. 1882. 17 août 1885.	1312	MM. de Wendel et Cie.
20	Cantebonne	19 juin 1875.	10	Soc. des ac. d'Angleur
21	Godbrange	10 oct. 1878.	952	Société des mines de Godbrange
22	Cosnes	1er juin 1882.	55	Soc. lorraine industr.
23	Bois d'Avril	1er sept. 1883.	432	Les petits-fils de F. de Wendel.
24	Serrouville	17 mai 1884.	720	Soc. des fges de Brévilly.
25	Homécourt	11 août 1884.	894	Soc. de Vezin-Aulnoye.
26	Auboué	11 août 1884.	671	Soc. des h.-f. et fonder. de Pont-à-Mousson.
27	Moutiers	11 août 1884.	696	Soc. métal. de Gorcy.
38	Valleroy	10 mars 1886.	886	Soc. des ac. de Longwy.
29	Bréhain	10 mars 1886.	373	Société des aciéries de Micheville.
30	Tiercelet	10 mars 1886.	769	Syndicat des mines de Tiercelet.
31	Crusnes	10 mars 1886.	475	Soc. métal. d'Aubrives Villerupt.

Numéros	Désignation des concessions	Dates d'institution	Superficie	Propriétaires ou exploitants
—	—	—	—	—

BASSIN DE BRIEY (*suite*)

			Hect.	
32	Moineville..........	18 juin 1886.	766	F. de Saintignon et Cie.
33	Giraumont..........	18 juin 1886.	800	Cie des Forges de Châtillon, Commentry et Neuves-Maisons.
34	Jarny..............	18 juin 1886.	812	Soc. des h.-fourn. de Maubeuge.
35	Fleury.............	18 juin 1886.	808	Soc. des ac. de Pompey.
36	Jouaville..........	19 mars 1887.	1032	G. Raty et Cie.
37	Labry..............	19 mars 1887.	858	Cie des Forges de Châtillon, Commentry et Neuves-Maisons.
38	Briey..............	7 avril 1887.	1093	Schneider et Cie.
39	Batilly............	23 mai 1887.	688	Cie des Forges de Châtillon, Commentry et Neuves-Maisons.
40	Droitaumont........	5 août 1887.	1170	Schneider et Cie.
41	Conflans...........	12 déc. 1887.	820	Viellard-Migeon et Cie.
42	Brainville.........	27 août 1889.	1155	Soc. des Forges de la Providence.
43	Bellevue...........	5 mars 1894. 30 avril 1895.	589	Société des hauts-fourneaux de la Chiers.
44	Génaville..........	8 mars 1894. 30 avril 1895.	686	Société des aciéries de Micheville.
45	Errouville.........	8 nov. 1895.	948	Soc. lorraine industr.
46	Fillières..........	23 août 1896.	805	Société de Villerupt, Laval-Dieu.
47	Sancy..............	31 mars 1899.	735	G. Raty et Cie.
48	Trieux.............	31 mars 1899.	390	E. Thomas.
49	Bazonville.........	31 mars 1899.	600	Société des ac. de Micheville.
50	Mance..............	31 mars 1899.	805	MM. de Wendel et Cie.
51	Tuquegnieux........	31 mars 1899.	1196	Soc. des ac. de Longwy.
52	Mairy..............	31 mars 1899.	1092	Soc. des h.-fx et fonderies de Pt-à-Mousson.
53	Anderny............	31 mars 1899.	814	Soc. de Vezin-Aulnoye.
54	Beuvillers.........	3 juin 1899.	723	Soc. des h.-fourneaux de la Chiers.
55	Chevillon..........	30 août 1899.	712	Cie de forges et ac. de la marine et des chemins de fer.
56	Malavillers........	20 mars 1900.	732	Société de Denain et d'Anzin.
57	Murville...........	20 mars 1900.	496	Soc. des hts.-fourneaux de Maubeuge.
58	Bertrameix.........	20 mars 1900.	425	Société de Senelle-Maubeuge.
59	Landres............	20 mars 1900.	583	Société des ac. de Micheville.
60	La Mourière........	20 mars 1900.	474	Soc. des ac. de Pompey.
61	Bouligny...........	20 mars 1900.	436	A. Chappée.
62	Pienne.............	20 mars 1900.	862	Société des forges et ac. du Nord et de l'Est.
63	Joudreville........	20 mars 1900.	501	Société de Commentry-Fourchambault.

Numeros	Désignation des concessions	Dates d'institution	Superficie	Propriétaires ou exploitants

BASSIN DE BRIEY (*suite*)

			Hect.	
64	Amermont	20 mars 1900.	546	Soc. de la Providence et F. de Saintignon et Cie.
65	Dommary	20 mars 1900.	475	MM. Capitain-Gény et Cie. MM. J. Marcellot et Cie. Société des forges de Champagne.
66	Bettainvillers	20 mars 1900.	463	Soc. métallur. de Gorcy.

2ᵉ BASSIN DE NANCY

			Hect.	
1	Champigneulles	3 août 1848.	427	Simon, Lemut et Cie, Keller et Bourgeois. Soc. de Denain et d'Anzin (amodiataire).
2	Chavigny-Vandœuvre	16 juin 1856. 9 janv. 1867. 20 mars 1900.	789	Soc. des forges et aciéries du Nord et de l'Est.
3	Marbache	16 janv. 1858.	588	Soc. des h.-f. et fond. de Pont-à-Mousson.
4	Frouard	10 mars 1858.	741	Soc. des forges et fon de Montataire.
5	Bouxières-aux-Dames	16 août 1859.	322	Soc. des forges et fond. de Montataire.
6	La Voiletriche	26 sept. 1859.	341	Compagnie de Châtillon-Commentry et Neuves-Maisons.
7	Liverdun	17 mars 1860. 20 mars 1900.	1021	Compagnie de Châtillon-Commentry et Neuves-Maisons.
8	Hazotte	28 avril 1860.	414	Vivenot. Soc. de Denain et d'Anzin (amodiataire).
9	Pompey	20 janv. 1884.	127	Soc. des forges et fond. de Montataire. Soc. de Vezin-Aulnoye (amodiataire).
10	Avant-Garde	23 mai 1863.	277	Soc. de Vezin-Aulnoye.
11	Buthgnémont	17 août 1864.	301	Soc. des hauts-fourn. de Maubeuge.
12	Boudonville	17 août 1864.	430	Soc. de Vezin-Aulnoye.
13	Maxeville	17 août 1864.	295	Soc. des m. du Luxembourg et des forges de Sarrebrück.
14	Croisette-Liverdun	21 juill. 1866.	372	Compagnie de Chatillon-Commentry et Neu-Maisons.
15	Custines	16 août 1867. 17 août 1888.	201	Soc. des h.-f. et fond. de Pont-à-Mousson.
16	Laxou	31 août 1867.	266	De Dietrich et Cie.
17	Lay-St-Christophe	21 déc. 1867.	223	Soc. des ac. de Pompey.

Numéros	Désignation des concessions	Dates d'institution	Superficie	Propriétaires ou exploitants
—	—	—	—	—

BASSIN DE NANCY (*suite*)

Numéros	Désignation des concessions	Dates d'institution	Superficie	Propriétaires ou exploitants
			Hect.	
18	Sainte-Geneviève...	14 mars 1868.	195	Durenne.
19	Fond-de-Monvaux..	10 févr. 1869.	382	Compagnie de Chatillon-Commentry et Neuves-Maisons.
20	Grande-Goutte......	10 févr. 1869.	339	Soc. des h.-f. et fond. de Pont-à-Mousson.
21	Bois-du-Four.......	26 juin 1859. 3 janv. 1875.	233	J. Marcellot et Cie.
22	Le Montet..........	4 août 1869.	266	Soc. des ac. de Pompey.
23	Fontaine-des-Roches............	9 août 1870.	186	Simon, Lemut et Cie, Soc. de Denain et d'Anzin (amodiataire).
24	Saint-Jean..........	22 févr. 1872. 3 janv. 1875.	150	Soc. des forges de Champagne.
25	Malzéville..........	29 avril 1872.	282	Soc. des h.-f. et fond. de Pont-à-Mousson.
26	Ludres.............	20 sept. 1876.	416	Soc. des ac. de Pompey.
27	Bois de Flavémont..	23 févr. 1874.	206	Soc. de Brousseval.
28	Haute-Lay..........	29 mars 1874.	152	Société des forges de Champagne.
29	Eulmont............	29 mars 1874.	236	Grosdidier f. et gendre.
30	Maron-Val-de-Fer..	Val-de-Fer : 23 avril 1874. 2 sept. 1874. 11 nov. 1875. Val-Fleurion : 23 avril 1874. Maron-Nord : 25 sept. 1874. 20 mars 1900.	1604	Compagnie de Chatillon-Commentry et Neuves-Maisons.
31	Amance.............	28 dec. 1874. 13 avril 1893. 24 nov. 1896.	1180	Soc. de Vezin-Aulnoye.
32	Sexey-aux-Forges..	3 janv. 1875.	268	Société des forges de Champagne.
33	Sainte-Barbe.......	3 janv. 1875.	201	Société des forges de Champagne.
34	Bellefontaine.......	17 mai 1875.	532	Société des mines de Bellefontaine.
35	Lavaux.............	21 avril 1880.	370	Soc. des forges et aciér. du Nord et de l'Est.
36	Haye...............	1er juin 1882.	393	Société lorraine indust.
37	Marie-Chanois......	14 juin 1882.	212	Rozet, Simon et Lemut, Soc. de Denain et d'Anzin (amodiataire).
38	Millery............	21 juin 1882. 15 avril 1885.	219	Société lorraine indust.
39	Chanevois..........	19 avril 1883.	450	Soc. des forges et fond. de Montataire.
40	Faulx..............	19 avril 1883.	634	Soc. des ac. de Pompey.
41	Malleloy...........	19 nov. 1885.	723	Société lorraine indust.
42	Côte-de-Sion........	3 janv. 1887.	495	Compagnie de Chatillon-Commentry et Neuves-Maisons.

Numéros	Désignation des concessions	Dates d'institution	Superficie	Propriétaires ou exploitants
—	—	—	—	—
	BASSIN DE NANCY (*suite*)			
			Hect.	
43	Vieux-Château	17 août 1883.	153	Soc. des h.-f. et fond. de Pont-à-Mousson.
44	Belleville	1ᵉʳ mai 1892.	369	Soc. des h.-f. et fond. de Pont-à-Mousson.
45	Clévant	20 juil. 1894.	63	Société de Denain et d'Anzin.
46	Leyr	29 juil. 1899.	492	Soc. des f. et fond. de Montataire.

BASSIN DE BRIEY

Composition de l'étage ferrugineux. — Dans le bassin de Briey, les mines d'affleurement ne se rencontrent que dans le groupe Nord (Longwy-Villerupt). Les terrains de recouvrement sont quelquefois si peu épais qu'on exploite les minerais à ciel ouvert (minières), notamment à Saulnes, Moulaine, Hussigny et Villerupt. Dans le Grand-Duché de Luxembourg, les exploitations à ciel ouvert sont aussi très nombreuses.

Dans les minières d'Hussigny, comme dans celles de Rodange (Lorraine annexée), la coupe de la formation ferrugineuse est à peu près la suivante :

1. Calcaire gris pauvre	0.75	
Calcaire ferrugineux	2.00	Fer, 30 + Chaux, 16 + Silice, 12
Calcaire pauvre	3.50	
Banc coquillier	1.50	
2. *Calcaire ferrugineux* avec lits de mine fine	2.00	Fer, 21 + Chaux, 26 + Silice, 10
Calcaire ferrugineux compact, parfois très pauvre	2.00	
3. *Couche rouge* avec lits de mine fine intercalés entre des bancs plus compacts	5.00	Fer, 39 + Chaux, 6 + Silice, 13.
Calcaire marneux stérile	6.50	
4. *Couche grise*, jaunâtre et friable à la partie supérieure, gris-verdâtre et compacte en bas (elle nécessite un triage des 2/5	3.00	Fer, 36 + Chaux, 1 + Silice, 18.
Marnes micacées vertes	1.00	
5. *Couche noire* en grande partie friable	2.50	Fer, 41 + Chaux, 1 + Silice, 13.
Calcaire marneux	2.00	
6. *Couche verte* (inexpl.) en raison de l'affluence des eaux	1.25	(?)
Total	30.00	

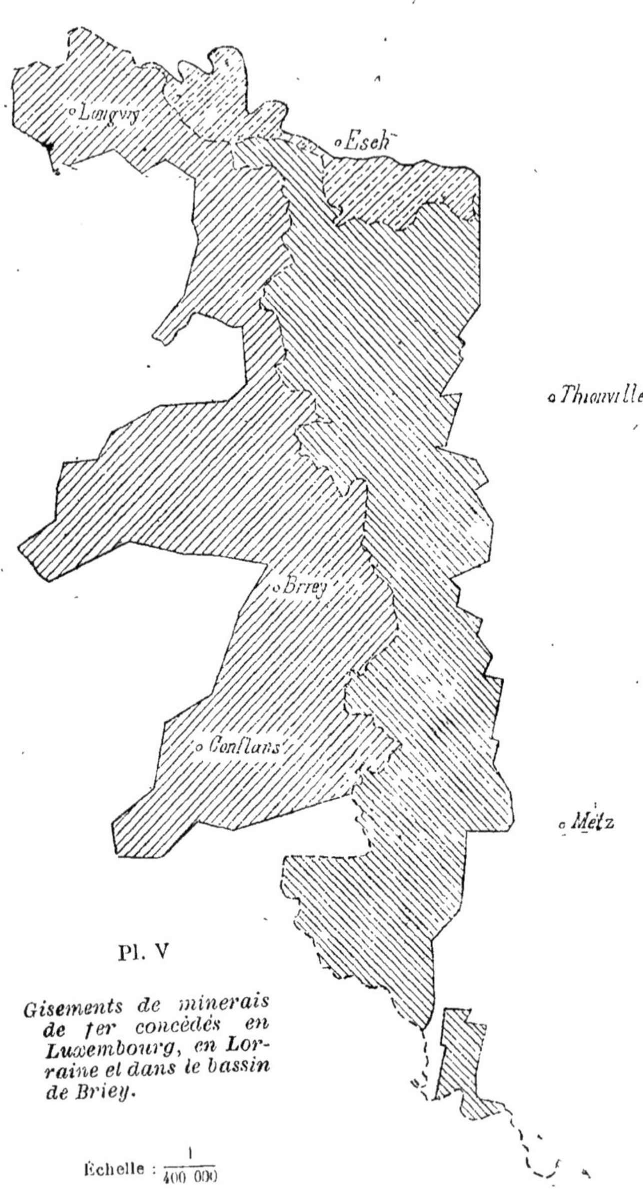

Pl. V

Gisements de minerais de fer concédés en Luxembourg, en Lorraine et dans le bassin de Briey.

Échelle : $\frac{1}{400\ 000}$

Les couches 1, 2, 3 (calcaires et couche rouge) forment un faisceau qui présente dans son ensemble une grande similitude, et il est rationnel de les ranger en un étage unique qui serait l'étage supérieur. La couche grise (4) formerait l'étage moyen, et la noire et la verte, l'étage inférieur.

Dans le groupe de l'Orne et celui du milieu (partie centrale du nouveau bassin de Briey), l'étage supérieur qui donne à Hussigny jusqu'à 11 mètres de produits exploitables, n'est que très exceptionnellement utilisable. La couche rouge n'a été rencontrée avec un développement pour être exploitée localement qu'entre Briey et Homécourt, entre Tucquegnieux et Anoux, et au nord de Murville-Malavillers.

Ce sont les minerais de l'étage supérieur qui font, en grande partie, l'approvisionnement actuel des hauts-fourneaux du nord du département. On les exploite sur 4 à 8 mètres de puissance aux mines de Longlaville, Saulnes, Moulaine, Herserange ; sur 2 à 4 mètres, mais en couche rouge presque exclusivement, aux mines de Godbrange, Hussigny, Micheville, Villerupt, Tiercelet, Bréhain.

A l'ouest de la faille d'Herserange-Longlaville, on ne trouve plus que la couche grise, dont la qualité diminue au fur et à mesure qu'on s'éloigne vers le sud-ouest. C'est elle qui fait l'objet des travaux de Mont-de-Chat, Mexy, Mont-Saint-Martin, Coulmy, Lexy. La puissance utile varie de 2 à 3 mètres.

Dans la mine de Micheville, on exploite concurremment, comme à Saulnes d'ailleurs, l'étage supérieur et l'étage moyen (couche grise).

L'enrichissement du lit de fusion en chaux s'obtient dans tout le bassinde Longwy, rarement par une addition de castine, mais bien plutôt par une introduction de calcaire ferrugineux. Comme ces calcaires sont toujours pauvres en fer, le rendement du lit de fusion s'en ressent, de sorte qu'on n'obtient guère plus de 27 à 30 p. 100 de fonte pour une tonne de minerais mélangés.

La grande importance des minerais du nouveau bassin de Briey consiste en ce qu'ils peuvent fournir des rendements pratiques de 33 p. 100, ce qui présente le double avantage d'augmenter la production du haut-fourneau et de réduire la consommation de coke.

Les minerais de Briey se recommandent donc à l'attention des métallurgistes, non seulement par les tonnages énormes qu'ils représentent, mais encore par leur composition qui est pour ainsi dire idéale pour la fabrication des fontesThomas.

Ces nouveaux gisements sont, on peut le dire, parfaitement reconnus à l'heure actuelle.

Travaux d'exploration. — Plus de 150 sondages, dont plusieurs ont été poussés jusqu'au delà de 300 mètres, ont servi à explorer l'arrondissement de Briey. La formation ferrugineuse a été traversée dans chacun d'eux au trépan à échantillon et l'Administration des mines a été appelée à examiner les carottes retirées des couches de minerai rencontrées. Des observations géologiques, hydrologiques et topographiques ont été faites d'une manière suivie, à l'occasion de chaque recherche, et il a été possible, au moyen de cotes recueillies en très grand nombre, d'établir une esquisse de la topographie souterraine de la couche grise. Nous en donnons une reproduction dans la planche II. La planche I montre l'emplacement des sondages exécutés et le périmètre des concessions de mines instituées, dont les dernières remontent au 20 mars 1900. (Un tableau annexe fournit la nomenclature des 112 concessions de mines de fer existant dans le département à l'heure actuelle).

Le bassin de Briey comprend 66 concessions, couvrant 39.589 hectares, savoir :

	hectares
1° Groupe septentrional (ou de Longwy), entre Longwy-Villerupt-Audun-le-Roman.....	11.135
2° Groupe du milieu (ou de Landres), entre Sancy, Dommary, Anoux, Avril.............	12.719
3° Groupe du Sud (ou de l'Orne), entre Avril, Jœuf, Doncourt, Brainville et Génaville...	15.735
Total.........	39.589

Le 3ᵉ groupe paraît susceptible d'une légère extension qui porterait son étendue à 17.500 hectares ; de même, le second pourra augmenter de 1.000 hectares. Les deux groupes réunis renfermeraient donc finalement plus de 31.000 hectares ; mettons 30.000, en nombre rond.

Jusqu'à ce jour, deux mines seulement, celles de Jœuf et d'Homécourt, ont été exploitées au moyen de puits, dans le 3ᵉ groupe. Deux autres concessions, Auboué et Moutiers, s'y joindront bientôt ; on y fonce les puits d'extraction en ce moment. Celui d'Auboué est même presque entièrement achevé actuellement (profondeur 136 mètres).

Dans le 2ᵉ groupe, quatre concessionnaires ont annoncé leur intention d'ouvrir immédiatemet les travaux de leurs mines, de sorte que dans un avenir très prochain, 8 mines seront outillées pour exploiter par puits les minerais de la couche grise.

La production du bassin de Briey est donc fournie actuellement surtout par le premier groupe (Longwy-Villerupt). Cette production s'est élevée à 2.400.000 tonnes en 1899.

Couches exploitées ou exploitables dans le bassin de Briey. — Les couches que l'on rencontre dans le bassin de Briey sont les suivantes :

1° *Etage supérieur.* — Calcaires ferrugineux et couche rouge. Ainsi que nous l'avons déjà dit précédemment, à l'opposé de ce qui se passe dans le bassin de Longwy, cet étage ne renferme pas ou presque pas de couches riches dans le deuxième et le troisième groupe. On peut le négliger pour ainsi dire.

2° *Etage moyen.* — La couche grise y est représentée d'une façon superbe avec une puissance variant de 2 à 8 mètres, et une composition oscillant entre les limites ci-après :

Fer	35 à 43 p. 100
Chaux	6 à 15 p. 100
Silice	5 à 10 p. 100

A titre d'exemple, voici quelques analyses :

	Fer	*Chaux*	*Silice*	*Alumine*	*Phosphore*
	—	—	—	—	—
Sondage de Bonvillers (CS) .	38.08	15.40	5.83	5.52	0.91
— de Pienne (CE)....	41.94	9.23	5.38	5.94	0.89
— de Mouthiers (U)...	41.75	7.86	7.48	3.56	»
— du Grand-Bois (BH).	37.56	11.40	7.04	5.54	0.76

La couche est quelquefois formée de minerai sur toute son épaisseur ; mais plus fréquemment elle comprend aussi des rognons de calcaire ferrugineux, très irrégulièrement disséminés dans la masse. Quand ces rognons sont trop nombreux et trop pauvres, il n'y a qu'à les trier pour enrichir le minerai.

La couche la plus puissante se trouve dans le deuxième groupe, partie orientale, entre Landres et Dommary, où l'épaisseur de 6 mètres est presque générale. Dans la partie orientale du même groupe, l'épaisseur de 4 mètres est celle qu'on rencontre le plus souvent. Dans le groupe de l'Orne, les puissances de 2 à 4 mètres sont les plus communes.

Il résulte de là qu'en supposant que le minerai règne sur la totalité des 30.000 hectares qui forment le deuxième et le troisième groupes, avec une épaisseur

Échelle : $\frac{1}{80.000}$

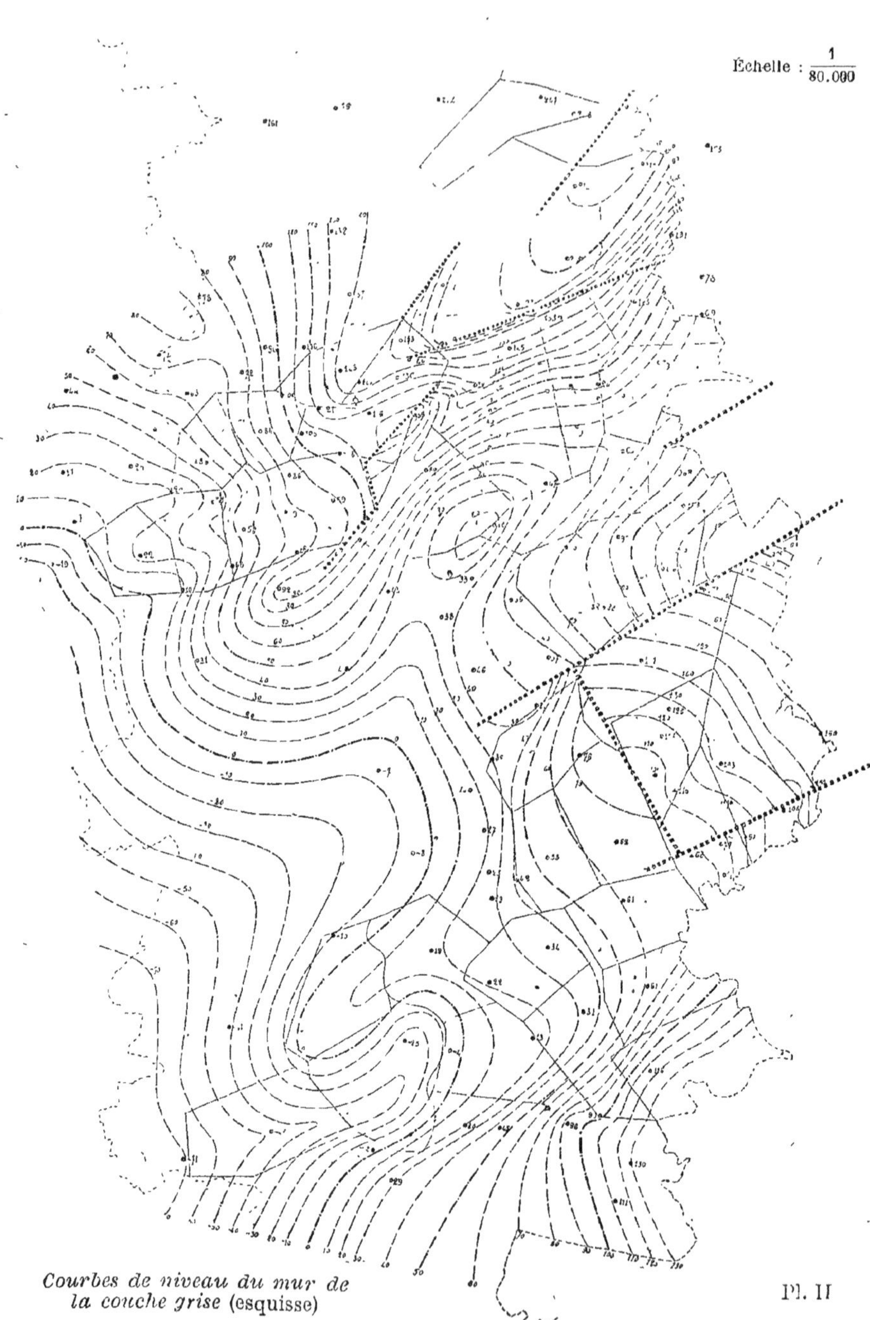

Courbes de niveau du mur de la couche grise (esquisse)

Pl. II

moyenne de 3 mètres, on reste plutôt modéré. Or, avec cette seule épaisseur, nous avons montré en commençant que la contenance du bassin de Briey s'évalue par plus de deux milliards de tonnes.

Au-dessus de la couche grise on en trouve quelquefois une autre, dite couche jaune, parce qu'elle est généralement de couleur ocreuse. Elle est loin d'avoir la même régularité que la couche grise. On la trouve dans le deuxième groupe, à Domprix et dans les régions de Bonvillers-Anderny, d'une part, et de Briey-Homécourt, d'autre part. Elle n'est jamais aussi riche que la grise et, comme elle, présente des teneurs élevées en calcaire, elle ne serait pas d'un emploi recommandable pour tempérer l'excès de chaux de la première.

Au contraire, l'étage inférieur, composé de couches brune, noire et verte, qui contiennent exclusivement des minerais silicieux pourra, en cas de besoin servir d'appoint à la couche grise. On le rencontre au Nord-Ouest de Landres, à Preutin, Domprix, Avillers, Xivry-Circourt, et dans la région de Briey à Homécourt-Valleroy.

Nous avons réuni, dans la planche III, 33 coupes de sondage offrant toutes les variétés de gisement qu'on rencontre dans le bassin.

La coupe que nous avons donnée précédemment des minières d'Hussigny, fait voir que la formation ferrugineuse de l'arrondissement de Briey dépasse de beaucoup les 8 à 10 mètres du bassin de Nancy. Elle mesure, en effet, à Hussigny, 30 mètres, entre le mur de la couche verte et celui des marnes micacées infra-bajociennes.

Ces deux horizons sont ceux qu'on doit adopter pour délimiter la formation ferrugineuse, attendu qu'aucune couche exploitable n'a jamais été trouvée en dessous de la couche verte, ni au dessus des calcaires ferrugineux.

Le mur de la couche verte, facile à reconnaître, est constitué par des marnes vertes gréseuses avec pyrites. En dessous de ces marnes, qui ont une épaisseur de quelques mètres, se trouvent les marnes supraliasiques. Plusieurs sondages ont pénétré dans ce dernier niveau.

La formation ferrugineuse la plus épaisse se trouve à l'Ouest de Fontoy où elle mesure plus de 55 mètres de puissance (voy. sondage BJ, de Bazonville, planche III). Cette grande épaisseur ne correspond pas d'ailleurs à un enrichissement local, attendu que les calcaires pau-

Pl. III

COUPES DE LA FORMATION FERRUGINEUSE

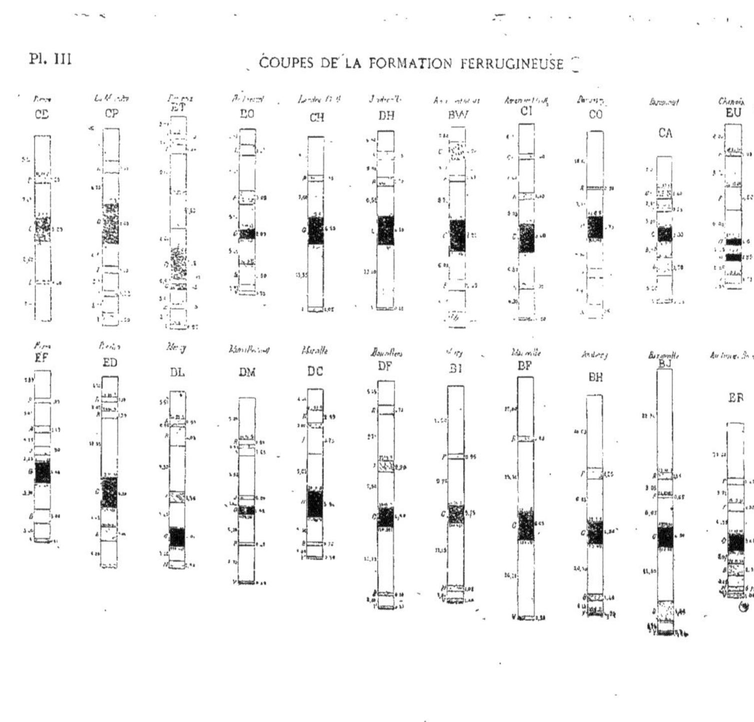

vres de l'étage supérieur y figurent à eux seuls pour 22 mètres. A Sancy, Anderny, on trouve près de 50 mètres.

L'épaisseur normale de la formation est de 40 à 45 mètres dans la partie occidentale du 2e groupe (Landres, Joudreville, Dommary).

Dans le troisième, à Moutiers, Valleroy, Jarny, elle atteint 25 à 35 mètres.

En allant de Jouaville à Doncourt et Saint-Marcel, au sud des mines de l'Orne, on ne trouve plus que 25 à 15 mètres. A Saint-Marcel, le gisement se compose surtout de marnes ferrifères et il devient sans valeur.

Allure de la couche grise. — Pour étudier plus spécialement la répartition des minerais, nous avons établi les courbes de niveau du mur de la couche grise. (Planche II). Les failles sont indiquées sur cette planche par de gros traits ponctués rectilignes. Ces traits n'ont pas la prétention de représenter avec précision toutes les failles qui découpent le gisement, mais seulement les directions approximatives des cassures par où les sources ferrugineuses pouvaient déboucher dans la mer liasique.

C'est donc systématiquement que nous n'avons pas représenté les failles parallèles à celles de l'Orne, qui ne font qu'engendrer des perturbations dans la régularité topographique des couches, mais ne jouent pas un rôle primordial dans la genèse des minerais.

De même la faille de Sancy, que quelques géologues tracent parallèlement aux failles d'Audun-le-Roman et de Fontoy, ne figure pas sur la carte.

Les seules failles que nous considérions dans cette étude forcément sommaire sont celles : 1° de l'Orne ; 2° du Woigot ; 3° d'Avril ; 4° de Fontoy ; 5° d'Audun-le-Roman ; 6° de Bonvillers ; 7° de Mercy-le-Haut ; 8° de Crusnes (ou d'Audun-le-Tiche).

Pour se rendre compte de la genèse des minerais par la théorie des failles nourricières, on doit supposer : 1° que des sources ferrugineuses débouchaient dans le fond de la mer en certains points de ces failles ; 2° que le relief du fond de la mer, en certains points de ces failles, au moment de la formation de la couche grise, affectait une forme qui se rapprochait sensiblement de celle que nous trouvons aujourd'hui au mur de cette couche. Cette dernière hypothèse est très admissible, attendu que c'est au moment où les failles se sont ouvertes que les plissements qui n'en sont que le prolongement, ont commencé à se former. Ainsi, le synclinal de Jary-Brainville et l'anticlinal de Boncourt sont le résultat de la poussée vers l'Ouest, contrecoup des cassures de l'Orne et du Woigot.

Au Sud de l'Orne, le redressement des couches vers Mars-la-Tour et Saint-Marcel a commencé à se faire avec l'affaissement de la lèvre méridionale de la faille de l'Orne (Auboué Homécourt Jœuf,), mais il s'est exagéré plus tard en vertu des mouvements qui ont amené la production de la faille de Gorze, Saint-Julien, dont l'effet se fait si nettement sentir sur le sol actuel (rampe du chemin de fer de Conflans à Pagny, entre Mars-la-Tours et Chambley).

L'écorce terrestre n'étant jamais en repos, toutes les failles ont d'ailleurs rejoué plus ou moins depuis la formation des minerais, notamment celle de l'Orne (30 mètres de dénivellation à Auboué, Homécourt). celle du Voigot, celle d'Avril (50 mètres de rejet à Avril). Il est à noter que la faille d'Avril, qui se prolonge à l'ouest vers Santéfontaine a donné une dénivellation inverse dans cette localité, de même que son prolongement à l'Est vers Neufchef, en Alsace-Lorraine.

La faille de Fontoy et celle d'Audun-le-Tiche ont donné lieu en Lorraine par un phénomène analogue à des dénivellations importantes. Il en est de même pour celle de Bonvillers, entre cette localité et Mont, et celle d'Audun-le-Roman entre Murville et Malavillers.

Ces dénivellations, qui dépassent 100 mètres à Fontoy et Audun-le-Tiche, avaient seules frappé autrefois les géologues qui avaient étudié le gisement de minerai. On admettait dès lors que les failles étaient postérieures au dépôt du minerai et qu'elles ne pouvaient avoir eu, par suite, aucune influence sur sa répartition.

Nous pensons que c'est le contraire qui est vrai. Lorsqu'une région est découpée par des failles ,il y a de grandes chances pour que les déplacements de terrains qui se sont produits une première fois se répètent ultérieurement dans le même sens. Ainsi la lèvre orientale de la faille d'Audun-le-Tiche ayant commencé à descendre lors de la formation de la cassure, le mouvement n'a fait que s'amplifier dans le même sens ultérieurement. De même pour la faille d'Avril entre la frontière et le Woigot.

Quant aux plis synclinaux et anticlinaux déjà ébauchés à l'époque toarcienne, ils n'ont fait que s'exagérer par la suite, et cela se comprend d'autant plus facilement que le soubassement du minerai est formé de plusieurs centaines de mètres de dépôts marneux (lias et marnes irisées) doués d'une grande plasticité.

Théorie des failles nourricières. — Donc nous admettons que le relief du fond de la mer *ressemblait,* dans ses grandes lignes, au mur de la couche grise actuelle. Nous admettrons également que des sources ferrugineuses se formaient dans le fond de la mer le long des failles ; que le fer qu'elles véhiculaient était principalement à l'état de carbonate, et accessoirement à l'etat de silicate, phosphate, etc., Lorsque les eaux de ces sources se mélangeaient avec l'eau de la mer, au sein de laquelle elles étaient projetées comme des geysers, le carbonate de fer se décomposait en oxyde de fer, tandis que

Pl. 5.

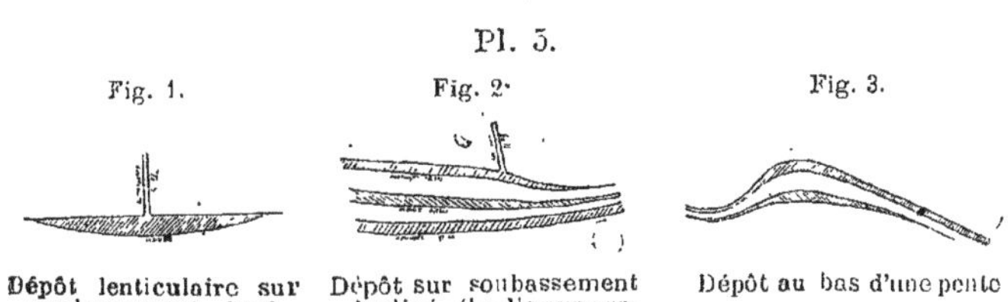

Fig. 1. Dépôt lenticulaire sur soubassement horizontal.

Fig. 2. Dépôt sur soubassement incliné. (Faille avec rejet).

Fig. 3. Dépôt au bas d'une pente

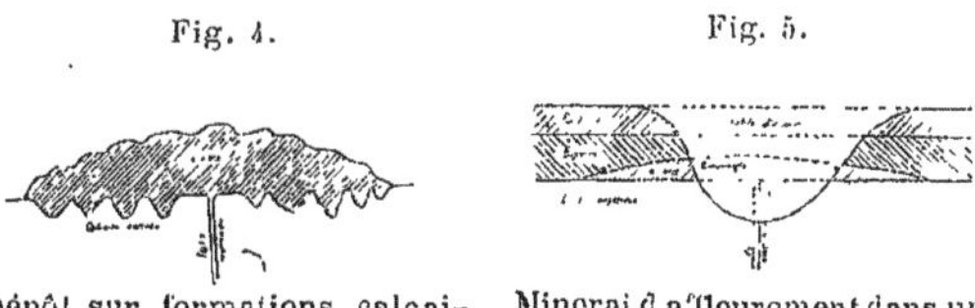

Fig. 4. Dépôt sur formations calcaires émergées.

Fig. 5. Minerai d'affleurement dans une vallée d'érosion

les autres composés, silicates et phosphates, etc., restaient plus ou moins intacts.

L'accumulation de ces dépôts au voisinage des sources tendait à former un dépôt lenticulaire comme celui de la fig. I (Pl. V). Mais les eaux n'étant pas tranquilles, et le fond de la mer n étant pas horizontal, le dépôt de minerai se trouvait entraîné à la fois sous l'action de la gravité et sous celle des vagues et des courants, jusqu'à ce qu'il pût effectuer son dépôt définitif. C'est alors que l'oxyde de fer, le peroxyde hydraté principalement, se rassemblait sous forme d'oolithes, en s'agrégeant autour d'un corpuscule organique (généralement débris très fin de coquillage et se fixait au milieu d'une pâte chloriteuse, formée surtout de carbonate de chaux et de salicate et phosphate de fer. Le mélange de la teinte verdâtre de la chlorite et de la teinte bronzée des oolithes donne au minerai un aspect gris foncé bien particulier qui lui a valu sa dénomination de *couche grise.*

Quelques remarques sont à faire au sujet de la répartition du minerai :

1° C'est rarement au voisinage immédiat des points d'émergence que les minerais sont les plus riches. Les dépôts y étaient en effet très troublés par l'agitation des eaux ;

2° Les parties déclives ou situées en contre-bas des points d'émission sont celles qui ont été le plus favorisées ; les minerais, ainsi que les formations stériles intermédiaires, ont dû d'abord se rassembler dans les endroits déprimés (fig. 2, pl. V) avant de couvrir les points plus élevés. En général, les points surélevés relativement, sont les moins riches ;

3° Les points situés au bas des pentes rapides sont des lieux d'enrichissement, surtout quand l'activité des sources n'a pas été assez prolongée pour tapisser d'un dépôt uniforme et continu le talus incliné. Quand le pied du talus est proche d'un relèvement qui fait office de seuil (fig. 3, pl. V), tels minerais riches s'arrêtent en deça de ce barrage, et au delà, on ne retrouve plus que des formations très pauvres ;

4° Le trouble apporté dans la mer par le flux ferrugineux arrivant en quantité considérable a mis obstacle au développement de la vie organique. On ne trouve donc pas de fossiles dans les parties du gisements ou l'action des sources a été très intense et très prolongée. Quand l'émission ferrugineuse, au contraire, s'achevait définitivement les êtres organisés revenaient en foule. C'est ainsi que le toit de la couche rouge de Villerupt est jalonné par une ligne de belemnites et que certaines couches sont surmontées d'un banc qu'on appelle le « coquillage » parce qu'il est rempli de moules de bivalves.

Dans le beau gisement de la couche grise située entre Landres et Dommary, le minerai est surmonté d'un banc de cette nature absolument pétri de coquilles qui a de 20 à 40 centimètres d'épaisseur.

5° Les oolithes sont petites, régulières et aplaties (quelques dixièmes de millimètre) dans les régions où le minerai arrivait en flux abondant et rapide ; elles sont, au contraire, inégales, grosses et anguleuses, dans les régions pauvres, où le flux de minerai était très faible et très lent ;

7° Il n'est pas probable qu'on trouve le fer sous forme de minerai carbonaté dans le Bassin de Briey, les sources ayant été localisées dans une région immergée. Il est probable qu'il existe encore une peu de carbonate de fer dans certains minerais ; mais c'est à l'état de souvenir.

aucune analyse n'a permis d'en constater la présence d'une façon bien nette.

Si nous nous reportons aux planches I, II, III et IV, nous allons voir comment la considération des failles influe sur la répartition des minerais.

Partant du sondage CE (Pienne), pris au milieu de la superbe coulée de minerai émise par les sources de Landres, si nous nous dirigeons vers le Nord, par les sondages EP, ET, EO, nous voyons après l'épanouissement complet de la couche grise à Landres, la richesse de la formation diminuer à Domprix et à Réchicourt.

A Domprix elle est remarquable par son épaisseur, parce que le mur présente une aplatissement sur lequel les courants charriant le fer d'une part, et les sédiments ordinaires d'autre part devaient converger. Leur action simultanée se traduit par des couches nombreuses et puissantes, mais d'une composition médiocre.

A Réchicourt, on observe une surévélation relative ; la couche grise devient peu épaisse et complètement inexploitable.

Revenant au sondage de Pienne (CE) et descendant la pente de Joudreville, Amermont, Dommary, nous voyons une magnifique couche grise de 6 mètres se développer régulirement sur tout le talus, avec maximum de richesse en fer à Dommary ; au delà de Dommary, la belle coulée prend fin. Le sondage d'Eton n'a retrouvé qu'une couche de 2 mètres sans valeur ; c'est la fin du dépôt en biseau, avec mélange de sédiments pauvres.

Les sondages EU (Chanois), EF (Higny), ED (Preutin), en bordure de la région concédée, sont déjà trop éloignés de l'émergence des minerais ; l'élément siliceux y prend une importance prédominante par rapport au flux ferrugineux, et les teneurs en silice montent à 25, 30, 40 p. 100.

Au sondage DL (Mercy), comme à DM (Murville), la couche rouge est bonne, tandis que la grise ne vaut rien; les oolithes y sont très grosses. Au contraire, après avoir passé la faille d'Audun-le-Roman (voir planche IV, coupe Mercy-Avril), on retombe sur les sondages DC et DF qui sont excellents.

A l'occasion des deux sondages BI et BF on remarque que le second plus avancé que le premier sur la pente de Tucquegnieux est le plus riche.

Quand on passe des sondages BH et BJ au sondage ER, d'Audun-le-Roman, on constate un appauvrissement de la couche grise, appauvrissement encore bien plus marqué au sondage N, d'Errouville (couche grise insignifiante). La planche II montre que ce sont des points surélevés.

Quand on franchit la faille d'Avril, du sondage BN au sondage P, on observe que la couche grise y est très

COUPES DE LA FORMATION FERRUGINEUSE Pl. III

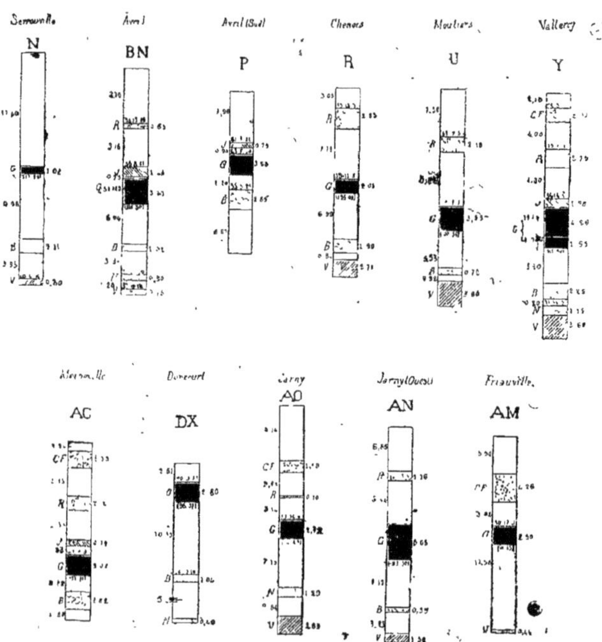

belle de part et d'autre. Cependant, l'épaisseur des couches dans l'ensemble est réduite du côté surélevé ; et si la couche est si belle au sondage P, c'est qu'il est, sans doute, peu éloigné d'une source de minerai, car plus au sud, en plein plateau le sondage R témoigne d'un amincissement notable.

Les couches redeviennent superbes à Moutiers (U) et Valleroy (Y), à ce dernier surtout (côté abaissé de la faille du Woigot). Si on passe de AC (Moineville) à DX (Doncourt), on trouve une diminution de richesse et une augmentation de silice qui indique que le flux du minerai est déjà très réduit .Au sondage de Saint-

Marcel, encore plus au Sud, la couche grise est à peine discernable dans les marnes noirâtres qui constituent la formation. On peut voir sur la planche II comme le relèvement du mur est sensible dans cette direction. Au contraire, si on revient dans la direction de la faille de l'Orne et si on s'engage dans le synclinal de Jarny, on trouve le sondage AO et surtout le sondage AN (Jarny- Ouest), qui offre 5 metres de belle couche grise.

Le sondage AM, situé sur l'anticlinal de Boncourt, est au contraire assez pauvre.

Enfin, toute la région qui sépare les pointes occidentales des deux groupes de concessions (Lubey, Fléville, Ozerailles, Gondrecourt) est stérile, parce que le flux de minerai venant du synclinal de Tucquegnieux n'a pas dépassé le seuil d'Anoux, cote 30 à 40, planche II.

La considération des failles nourricières et celle du relief du mur des couches peuvent donc conduire à des résultats pratiques d'un haut intérêt, et il serait facile d'en faire découler pour chaque concession ou chaque groupe de concessions, des déductions importantes au point de vue de la qualité ou de la quantité des produits à en retirer, et de la manière d'engager et de diriger les travaux.

L'expérience déjà longue des mines du bassin de Nancy montre que les concessions les plus riches sont voisines de failles qui ont été probablement nourricières. Exemple : Marbache et Vieux-Chateau ; Frouard Bouxières-aux-Dames et Chavenois ; Champigneulles, Maxéville et Boudonville. Il est à remarquer que Buthegnémont, contigu à Boudonville, mais relevé par la faille qui forme le vallon de ce nom ,ne renferme que des couches très médiocres, tandis que le minerai est bon à Boudonville.

En ce qui concerne les mines de Ludres ,Chavigny, Fontaine-des-Roches, il est permis de penser qu'elles doivent leur richesse à la faille de Flévilleurt-sur-Meurthe. Un gros lambeau de minerai a dû être enlevé par les érosions de ce côté.

Dans le bassin de Longwy ,un exemple remarquable du changement de richesse à la rencontre des failles est celui qui est donné par la faille d'Audun-le-Tiche. Du côté Audun, qui est abaissé, la succession des couches est complète et les étages inférieurs, notamment les couches noire, brune et grise, sont admirablement représentées, tandis que dans la mine de Villerupt, de l'autre côté de la faille ces étages manquent à peu près complètement.

Le numéro du journal *Stahl und Eisen* du 1er juillet

1898 (*Die Minette formation nœrdlich der Fentsch*, par Kohlmann), a publié deux coupes de la formation ferrugineuse, au Nord de la Fentsch, dans lesquelles on remarque très nettement :

1° La surépaisseur des couches dans le voisinage de la faille de Deutsch-Oth ;

2° L'existence d'un faisceau de couches localisé de part et d'autre de la faille de Fentsch, et sensiblement plus développé du côté abaissé que du côté remonté ;

3° La richesse considérable des couches entre les failles Deutsch-Oth, Mittelsprung et Œttingen (Plateau d'Aumetz).

On peut également voir, en ce moment, à l'Exposition universelle, dans le groupe des mines et de la métallurgie du grand-duché de Luxembourg, une coupe de la formation d'Esch qui montre le grand développement que prennent les couches de minerais à l'Est de la faille d'Audun-le-Tiche (Deutsch-Oth).

Pour terminer l'étude complète des minerais de fer de la région lorraine, il resterait à parler des minerais d'alluvion qu'on a exploités autrefois à Aumetz, Selomont, Tellancourt, Saint-Pancré, et dans d'autres localités de la Lorraine. Cette question n'a plus d'intérêt aujourd'hui qu'au point de vue géologique pur, et comme elle demanderait d'assez longs développements nous la laisserons de côté. L'explication de la genèse de ces minerais par des sources ferrugineuses de l'époque tertiaires sorties des mêmes failles que les minerais du lias, explication à laquelle on a pu songer autrefois pour expliquer la concordance géographique des dépôts de minerais d'âge si différent, reste assez hypothétique. Il est fort possible que les minerais d'alluvion proviennent des couches calloviennes ou oxfordiennes qui recouvraient les plateaux actuels et qui auraient été détruites par des agents d'érosion. Le carbonate de chaux a été emporté au loin, tandis que le minerai de fer se rassemblait sur place ou à très peu de distance de son gisement primitif au milieu d'une masse argileuse, résidu de l'attaque des terrains encaissants par les eaux chargées d'acide carbonique.

*
* *

En résumé, de cette étude des divers gisements de la région de l'Est, se dégage cette conclusion que celui de la Lorraine présente une importance tout à fait exceptionnelle.

Le beau gisement de Bilbao ne contenait que 100 millions de tonnes et il est aux deux tiers épuisé.

Les mines de Suède, de Kürunavaara et Luossavaara,

dont on parle beaucoup actuellement ne renfermeraient que 200 à 250 millions de tonnes.

Beaucoup d'autres gisements plus ou moins célèbres sont encore loin d'arriver à ces chiffres. Mokta ne renfermait pas plus de 20 millions de tonnes.

Il paraît donc établi, tant par les explorations nombreuses qui en ont été faites que par les considérations géologiques que nous venons de développer, que le bassin de Briey est un des plus importants du monde entier, et qu'il est capable d'alimenter pendant de longues années une industrie métallurgique très active.

Deuxième communication de M. Georges Rolland sur les gissements de minerais de fer de Lorraine.

Voici, pour terminer cette étude, la deuxième communication sur ce sujet présentée à l'Académie des Sciences par M. Georges Roland :

« Dans une communication du 17 janvier 1898, j'ai décrit les traits caractéristiques des remarquables gisements de minerais de fer oolithiques de l'arrondissement de Briey (Meurthe-et-Moselle). J'y avais joint une première carte de la topographie souterraine de ces gisements (1). Je rappelle qu'ils se placent en haut du Lias supérieur et comprennent plusieurs couches de minerais dont la principale et la plus régulière est la *couche grise*

» Je voudrais aujourd'hui examiner brièvement le mode de formation des minerais de fer oolithiques en question et des minerais analogues.

***

» M. F. Villain, ingénieur des mines à Nancy, au cours d'une conférence très documentée (27 juin 1900) devant la Société industrielle de l'Est, a cherché à l'expliquer par la théorie des *failles nourricières*. Prenant comme exemple la couche grise, il admet que le relief du fond de la mer liasique, au moment de son dépôt, affectait déjà une configuration se rapprochant sensiblement de celle que nous trouvons actuellement au mur de cette couche. Il suppose que les sources ferrugineuses débouchaient dans le fond de la mer en certains points des failles qui

(1) Réduction de celle que je préparais pour la carte géographique de France et qui vient de paraître sur les feuilles de Metz et de Longwy.

nie des Sciences

semens des minerais de fer oolithiques
DU BASSIN DE BRIEY
phie souterraine et Epaisseurs de la couche grise.
par Mr Georges Rolland.

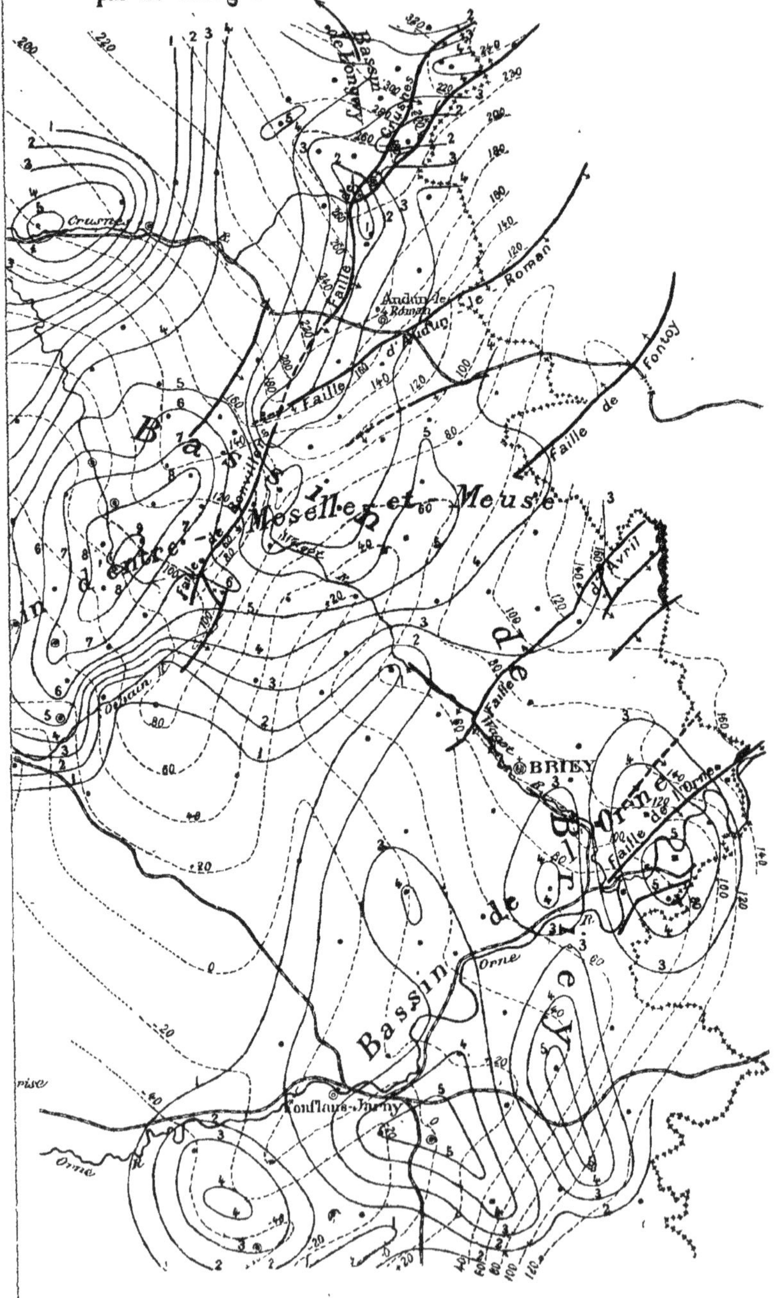

Communication de M. **G. ROLLAND** à l'Académie des Sciences

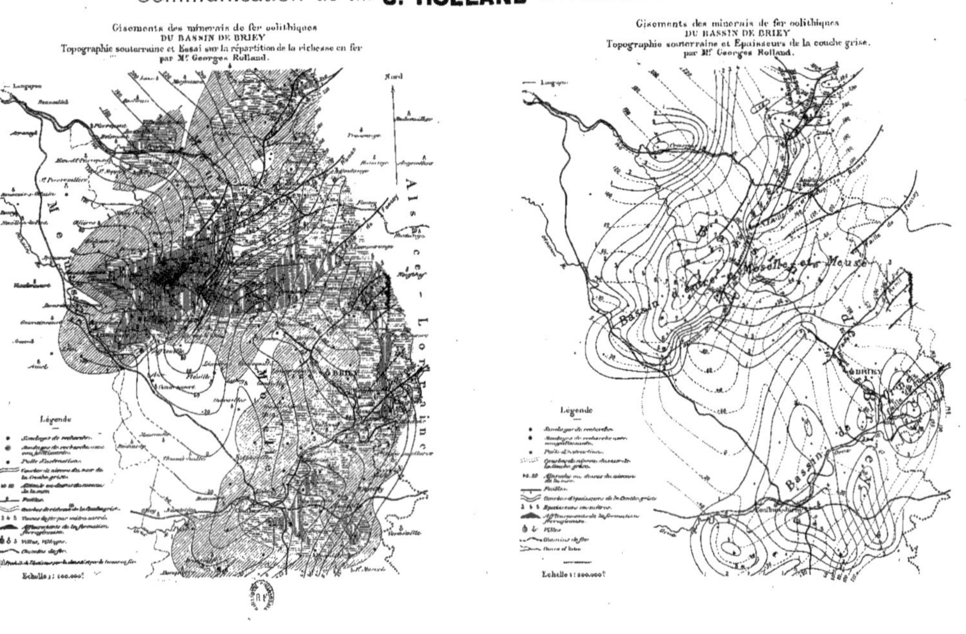

sillonnent la contrée, etc. D'où formation de dépôts ferrugineux, d'allure lenticulaire, sur les parties déclives ou situées en contre-bas des points d'émission, etc.

» Mais cette théorie ne cadre guère avec les idées régnantes en Geologie où le mode de formation geysérienne est peu en faveur pour de semblables gisements ferrugineux, surtout depuis les observations de M. Munier-Chalmas sur les bords du Plateau Central. Les minerais de fer oolithiques sont considérés comme sédimentaires et contemporains des couches qui les renferment, comme des formations littorales dont les divers matériaux étaient apportés par des eaux continentales dans des estuaires maritimes ; leurs oolithes ferrugineuses ont dû être formées (à la manière des oolithes calcaires) par la précipitation du carbonate de fer en dissolution dans les eaux marines ; les sels qui leur ont donné naissance provenaient des continents voisins et résultaient soit de la décomposition de pyrites de fer, soit de la décalcification de calcaires ferrugineux.

» Il est invraisemblable que la topographie actuelle de ces couches souterraines représente les reliefs du fond de la mer contemporaine de leur dépôt ; elles doivent plutôt s'être déposées horizontalement ou à peu près, leurs variations d'épaisseurs s'expliquant par des affaissements locaux, par des mouvements de descente plus rapide en certains points du bassin, ainsi que M. Munier-Chalmas l'a montré pour le bassin de Paris (*Comptes rendus*, t. CXXX, p. 955). Les plissements synclinaux et anticlinaux à faible courbure que présente actuellement l'ensemble de la formation sont dus à des modifications d'équilibre bien postérieures. Les failles qui affectent les minerais, en même temps que le Bajocien et le Bathonien superposés, sont d'âge sans doute tertiaire et en tout cas post-jurassique ; elles peuvent avoir joué à des époques successives, mais jamais l'on n'a démontré stratigraphiquement leur préexistence.

» A l'appui de sa thèse, cependant, M. Villain donne une série d'arguments basés sur la répartition des minerais ; mais sa démonstration est loin d'être générale. De mon côté, je me suis proposé, sur le conseil de M. Marcel Bertrand, d'étudier méthodiquement leur mode de distribution, afin de voir s'il s'en dégage vraiment un semblant de loi. J'ai considéré aussi une phase déterminée, savoir celle qui correspond au dépôt de la *couche grise*. Avec les renseignements que M. Villain lui-même a eu l'obligeance de me communiquer, j'ai tenu compte, à chaque sondage, de son épaisseur et de sa teneur moyenne

****

en fer, et j'ai pu tracer les courbes approximatives d'égales *épaisseurs*, d'égales *teneurs* et d'égales *richesses* totales ; puis j'ai appliqué successivement ces trois genres de courbes sur la carte où figuraient déjà les courbes d'*altitudes* du *mur de la couche*, ainsi que les *failles*.

» Or, à l'inspection de ces cartes comparatives, on ne voit pas que ni l'épaisseur, ni la répartition du fer offrent aucune relation générale, régulière, ni avec la topographie souterraine, ni avec l'emplacement des failles. Les variations d'épaisseur montrent que, pendant le dépôt des minerais, il s'est formé de petites cuvettes synclinales aux endroits où la descente du bassin était plus rapide, et il résulte de la superposition des courbes que la topographie ancienne était complètement différente de la topographie actuelle. D'autre part, les zones de plus grandes richesses semblent, règle générale, indépendantes des failles. A mon sens, les failles recoupent d'une manière quelconque les gisements ferrugineux (soit dit sans contester que certaines puissent se placer en bordure de bassins locaux de plus grande épaisseur) ; les couches de minerais, quand elles sont recoupées par une faille avec dénivellation, doivent, en principe, se correspondre sur les deux lèvres de la cassure (sauf phénomènes d'enrichissement du côté abaissé, sous l'influence de la circulation des eaux souterraines).

» Que si l'on compare les courbes d'épaisseur et de teneur en fer, on trouve entre elles une concordance grossière, permettant de dire que le plus souvent l'épaisseur et la teneur varient dans le même sens d'une région à l'autre. Mais parfois on observe l'inverse, et il n'y a plus de relation quand on entre dans les détails ; en effet, les oolithes ferrugineuses ayant dû être distribuées par des courants marins, on comprend que de légères variations dans l'intensité de ceux-ci aient amené par place une plus grande quantité de matières stériles, ou inversement.

» Ma conclusion générale est que ces minerais de fer oolitiques sont bien de nature sédimentaire et d'origine continentale. »

HISTORIQUE

de la découverte du bassin de Briey

La grande richesse minérale dont nous venons de donner la description, d'après les ingénieurs les plus qualifiés, constitue pour notre pays une découverte de premier ordre.

A qui est-elle due ? Quels ont été les premiers pionniers de cet admirable champ souterrain ? Il est nécessaire de le dire, surtout dans une étude un peu complète, comme celle que nous avons entreprise ici.

Tout d'abord, il faut expliquer pourquoi, antérieurement à 1882-83, époque des premières recherches, il n'avait rien été tenté dans le bassin de l'Orne.

Jusqu'à 1870-71 les gisements de minerai paraissaient abonder pour ainsi dire, à fleur de terre, et l'industrie de la fabrication de la fonte était peu développée. En dehors des anciennes et importantes usines de Hayange, Moyeuvre et Ars, qui consommaient elles-mêmes leurs fontes, il n'existait encore que fort peu de hauts-fourneaux. La plupart étaient de création récente, remontant à 1866-67, et n'étaient arrivés que fort péniblement à faire entrer leurs fontes phosphoreuses dans la consommation des forges et fonderies de la Champagne, des Ardennes et du Nord, grâce à la crise produite par les traités de commerce de 1860 et à l'abaissement successif du prix des produits fabriqués qui en avait été la suite.

Le procédé Thomas pour l'emploi des fontes phosphoreuses n'avait pas encore donné à cette région l'importance extraordinaire qu'elle a prise depuis.

Les mécomptes déjà nombreux éprouvés dans les exploitations de minerai quand elles s'éloignaient des affleurements avaient fait considérer la formation ferrugineuse comme un dépôt littoral puissant et riche seulement sur les affleurements.

M. Braconnier, ingénieur au corps des Mines, comme conclusion au volume qu'il a publié en 1872, sous le titre : *Richesses minérales du département de Meurthe-et-Moselle,* décrivait comme suit l'origine et le mode de dépôt du gîte d'hydroxyde oolithique :

191. — Un des faits les plus saillants qui ressorte de l'étude précédente est la variabilité de puissance et de composition de la formation ferrugineuse. Suivant certaines directions, l'on peut suivre les couches sur des étendues considérables dans la direction perpendiculaire, on observe généralement que les mêmes couches s'amincissent souvent très rapidement et disparaissent quelquefois tout-à-fait. C'est ainsi qu'au point 72 commence une grande lentille aplatie de minerais qui traverse partie des concessions de Bouxières-aux-Dames et de Marbache, en augmentant d'épaisseur jusqu'à 2 m. 50, puis diminue progressivement et va se terminer probablement à rien à l'ouest du point 67. Les lits stériles offrent la même forme lenticulaire, c'est ainsi que le lit stérile qui sépare, au point 1, les deux couches inférieures, disparaissait avant d'avoir atteint le point 2. De même le grand intervalle stérile de 12 mètres d'épaisseur qui sépare à Esch les deux étages de la formation vient disparaître à l'ouest de la concession de Mont-Saint-Martin,

192. — Le minerai oolithique a été déposé au fond de la mer; c'est ce que prouve surabondamment la grande quantité de fossiles marins qu'il renferme. La forme des couches ne permet guère d'admettre que ce dépôt se soit effectué au fond d'une mer profonde;s'il en était ainsi les couches, formées par précipitation de fines particules dans un élément peu agité, présenteraient la même épaisseur et la même composition sur une étendue bien plus considérable. On est donc conduit à penser que le dépôt du minerai a eu lieu sur le rivage de la mer. Dans cette hypothèse, la forme lenticulaire allongée des couches s'explique absolument comme celle des bancs de sable et de vase qui s'accumulent actuellement sur certaines côtes.

On s'explique aussi par là pourquoi la formation ferrugineuse, considérée dans son ensemble, constitue seulement la ceinture d'un grand golfe diminue généralement de puissance de la circonférence vers l'intérieur dans le sens même de la ligne de plus grande pente.

La nature même des fossiles marins, la présence dans le minerai de nombreux fragments de bois, sont aussi favorables à l'hypothèse de dépôt littéral. Une des meilleures preuves de sa véracité est l'existence de ces lamelles obliques de calcaire formé de coquilles brisées et agglutinées que la mer rejette sur les rivages. Certaines couches paraissent entièrement composées d'oxyde de fer et de menus fragments de coquilles rejetés ensemble par la mer sur ses bords.

193. — La forme oolithique ne s'explique guère que par un mouvement des grains ferrugineux au moment du dépôt, mouvement qui a permis à ces grains de rester plus longtemps en suspension dans le liquide et de s'accroître par zones concentriques aux dépens du précipité ferrugineux sans cesse rejeté par la mer. Les minerais marneux ont été, sans doute, formés

dans les parties les plus profondes et les moins agitées, aussi les oolithes ferrugineuses présentent-elles la forme sphérique, dans les minerais calcaires, formés sans doute à la surface des eaux, dans les parties les plus agitées les oolithes présentent les formes les plus irrégulières.

Les variations de composition d'une même couche sont aussi favorables à l'idée du dépôt littoral que celles dans la forme des oolithes. Si l'on ne tient pas compte des exceptions de détail, on remarque en effet d'une manière générale qu'à mesure qu'on s'avance de la circonférence du bassin ferrifère vers son centre la proportion de gangue calcaire diminue; les minerais deviennent marneux en même temps que leur couleur de rouge ou jaune rougeâtre tire de plus en plus sur le bleu ou le vert.

Si la gangue calcaire est, comme on peut le présumer, en majeure partie formée par l'agglutination de débris de coquilles pulvérisées par les vagues, on comprend que les minerais à gangue calcaire doivent se trouver vers la circonférence du bassin, là où ils ont pu se former à fleur d'eau. La marne n'étant que de la vase marine solidifiée l'on conçoit que les minerais marneux n'ont pu se former qu'en des points où les eaux étaient plus profondes et moins agitées.

194. — L'oxyde de fer ayant été déposé dans la mer et seulement dans un bassin restreint, y a été nécessairement amené par des sources émergeant au fond des eaux par une profondeur plus ou moins grande. Ces sources versaient dans la mer du carbonate de fer dissous à la faveur d'un excès d'acide carbonique. Par suite du dégagement de cet excès d'acide et de l'action oxydante de l'air le carbonate transformait plus ou moins rapidement en précipité l'oxyde de fer que la mer rejetait sans cesse sur le rivage. De cette manière on peut se rendre compte des variations de couleur indiquées au 193. C'est en effet dans les eaux les moins profondes et les plus agitées que l'oxyde de fer se transformait le plus facilement en peroxyde hydraté de couleur rouge ou jaune rougeâtre, tandis que dans les eaux profondes l'oxyde pouvait rester en partie à l'état de protoxyde et conserver la couleur bleuâtre ou verdâtre propre aux sels de fer au minimum. Quant à l'origine du carbonate de fer des sources, il a été sans doute arraché à de grandes profondeurs à des roches riches en silicate de protoxyde de fer, par des eaux portées à une température élevée et chargées d'un excès d'acide carbonique.

Ainsi, M. Braconnier, l'ingénieur officiel, croyait à un cordon littoral ferrugineux et rien de plus.

C'est cette erreur que le minerai, riche aux affleurements, devenait rapidement mauvais à mesure qu'il s'enfonçait sous des terrains géologiques plus récents, qui a conservé à la France le beau bassin de Briey ; en effet, l'Allemagne, par une frontière tracée par des géologues, avait annexé en 1871, dans cette région, tout le gîte supposé exploitable d'après les données officielles.

Aussitôt après la conquête, les industriels allemands s'empressèrent donc de cribler de recherches tout le terrain minier jusqu'à la nouvelle frontière, et l'administration des Mines allemandes le distribua bientôt tout entier en une multitude de petites concessions d'environ 200 hectares, réunies depuis en groupes plus importants. Dès 1874, 79 concessions nouvelles étaient venues s'ajouter aux 9 déjà existantes en 1870.

Ce mouvement attira nécessairement l'attention sur ce qui restait de gîte exploitable en France, et des recherches suivies de demandes en concession furent entreprises, en particulier sur deux îlots de terrain minier que des failles avaient relevés au-dessus du niveau des vallées et des eaux souterraines, tout le reste du gîte laissé à la France se trouvant au-dessous de ce niveau.

Le 4 mars 1874, MM. Gouvy frères demandèrent la concession d'un de ces îlots de minerai émergé, situé près de Moyeuvre, dans lequel ils firent un puits de recherches. La concession leur fut accordée sous le nom de Concession du Bois de Briey, incorporée en 1885 à la concession de Jœuf par suite de son acquisition par MM. de Wendel.

Les 4 avril et 20 juillet 1875, MM. Jahiet, Gorand, Lamotte et Cie, maîtres de forges à Ottange (Lorraine annexée), demandèrent l'autorisation de faire des recherches dans le second îlot émergé, situé près d'Avril.

Ces recherches consistèrent en deux puits qui recoupèrent, à faible profondeur, 3 couches de minerai émergé. (Braconnier. Description géologique, page 194);

3 m. 70 couche supérieure de minerai calcaire médiocre ;

0 m. 60 couche moyenne de minerai pauvre ;

2 m. 80 couche inférieure de minerai gris verdâtre

Un autre sondage, situé plus à l'ouest, trouva le gîte rejeté à plus de 100 mètres de profondeur. Ce fut, en réalité, le premier travail important de recherches fait en France, mais ses résultats furent tels que M. l'Ingénieur des Mines Braconnier en conclut plus affirmativement encore que la formation ferrugineuse s'appauvrissait à mesure que l'on avançait vers l'ouest. (Description géologique, page 290.)

Le 20 septembre 1875, MM. Jahiet, Gorand, Lamotte et Cie produisirent une demande en concession s'étendant sur les territoires de Trieux et d'Avril à l'appui de leurs travaux.

Aucune solution n'avait encore été donnée à cette demande, après quatre ans, lorsqu'en 1879-1880, à la suite de la découverte du procédé basique, MM. de Wendel se décidèrent à construire l'usine de Joeuf et à rechercher le prolongement du bassin oolithique en deçà de la nouvelle frontière.

Les exploitations très régulières des anciennes concessions de Hayange et de Moyeuvre donnaient tout lieu de prévoir que la formation ferrugineuse s'étendait bien au-delà des parties exploitées. MM. de Wendel firent quelques sondages le long de la frontière et déposèrent, le 14 juin 1880, une demande en concession sur les territoires de Briey, Avril et Trieux.

Malgré une autre demande concurrente de MM. Ferry Curricque et Cie, en date du 11 août 1881, MM. de Wendel, seuls obtinrent, le 10 février 1882, une concession, dite de Filières Lagrange, incorporée, en 1885, dans la concession de Joeuf et qui ne comprenait pas les terrains reconnus par les recherches de MM. Lamotte et Cie, à qui une concession alors fut refusée.

Indépendamment des recherches dont il vient d'être question, faites à l'est et au sud-est d'Avril, quelques autres furent entreprises vers le nord, entre Avril et Villerupt, mais sans succès, par Gorcy, notamment.

Tels furent les résultats, à peu près négatifs, de toutes les explorations antérieures à 1882, le long de la nouvelle frontière allemande.

Que savait-on et que pensait-on du gîte de minerai de fer au moment où M. Genreau, actuellement ingénieur en chef des Mines à Clermont-Ferrand, fut nommé en cette qualité à Nancy, où l'administration des Mines avait été représentée jusque-là, et, depuis avant la guerre, par M. l'ingénieur ordinaire Braconnier ? Il est certain que plus que jamais on persistait dans l'erreur de ce dernier ingénieur, que les recherches avaient semblé confirmer entièrement. M. Genreau expose comme suit dans sa « Description géologique et agronomique des terrains de Meurthe-et-Moselle » publiée en 1883, l'état de la question à cette époque.

367. — Zone entre Arnaville et Briey. Cette zone, qui longe la frontière et où les minerais sont privés d'affleurements, paraît offrir peu de ressources pour l'avenir: les indices donnés par les concessions d'Alsace-Lorraine sont à peu près négatifs, ce ne serait que vers Briey que l'on peut espérer trouver des minerais avec une qualité et une puissance suffisantes pour pouvoir être exploités.

368. — Concession du Bois de Briey « N. 59 de la carte ».
Instituée par décret du 19 Juin 1875, cette concession embrasse

une étendue superficielle de 133 hectares portant entièrement sur le terrain minier régulier.

Le puits *cq* a donné pour la formation ferrugineuse la coupe ci-dessous :

Calcaire ferrugineux.....	3.32
Couche supérieure.......	1.63 minerai «*a*» jaune rougeâtre.
Couche moyenne........	0.60 marne. 0.60 minerai «*b*», jaune rougeâtre. 0.35 calcaire ferrugineux. 0.40 minerai «*c*», jaune rougeâtre. 0.35 calcaire ferrugineux. 0.70 minerai «*d*», brun rougeâtre. 2.50 marne.
Couche inférieure........	2.00 minerai rougeâtre, siliceux, riche.

L'analyse «*e*» donne la composition moyenne des minerais de l'étage de 1 m. 70 formé par la couche moyenne, déduction faite des rognons de calcaire ferrugineux : ces minerais donnent 610 kg. de laitier à la tonne de fonte ordinaire d'affinage.

Le tableau suivant donne la composition de ces minerais :

	Silice.	*Alumine.*	*Peroxyde de fer.*	*Peroxyde de manganèse.*	*Chaux.*	*Magnésie.*	*Acide phosphorique.*	*Soufre.*	*Perte au feu*	*Fer métallique.*
	—	—	—	—	—	—	—	—	—	—
a	120	69	371	»	180	23	»	»	234	259
b	»	»	570	»	83	»	»	»	»	399
c	»	»	513	»	112	»	»	»	»	359
d	»	»	596	»	64	»	»	»	»	417
e	78	70	566	»	75	8	»	»	187	396

Avec une puissance moyenne de 1 m. 70 pour l'étage de la couche moyenne, la concession peut produire 5 084.000 tonnes de minerais.

399. — Concession de Fillières-la-Grange «N. 62 de la carte». Instituée par décret du 10 Février 1882, cette concession embrasse une étendue superficielle de 900 hectares portant entièrement sur le minerai. Cette grande concession est entièrement privée d'affleurements, les recherches faites jusqu'aujour d'hui ne donnent que fort peu de renseignements sur la composition de la formation ferrugineuse. *Elles paraissent seulement démontrer que les minerais sont moins puissants et moins riches qu'aux points* cq *et* ab.

370. — Terrains au nord-est d'Avril. Au nord-ouest de la faille d'Avril, les terrains ont été relevés par rapport à ceux du sud-est, le minerai reparaît en affleurement le long de Conroy. Les résultats donnés par le puits *ab* ont été indiqués au 291. A partir de ce point. la formation ferrugineuse *paraît s'appauvrir à mesure que l'on avance vers l'ouest*, le sondage *gw* a traversé les assises suivantes :

Calcaire ferrugineux.	5 m.
Couche supérieure...	1 m. 75 minerai rougeâtre, siliceux, avec 1/4 de rognons calcaires.
Couche inférieure....	3 m. 40 marne et calcaire ferrifères.
	2 m. 75 minerai gris verdâtre, avec 1/4 de rognons calcaires.
	0 m. 80 marne et calcaire ferrifères.

Du point ab *au point* gw, *la formation ferrugineuse a perdu 42 0/0* de sa puissance totale et notamment sa couche moyenne, mais l'étage inférieur a conservé une puissance utile de 2 m. 20, les minerais de cet étage paraissent devoir donner de 500 à 600 krg de laitier à la tonne de fonte ordinaire d'affinage.

371. — Terrains suivant la frontière entre Avril et Villerupt. Le gîte avantageusement exploitable du 370 se prolonge-t-il le long de la frontière sur les territoires de Trieux, Sancy et Audun-le-Ronan? *Cela parait fort douteux* : les travaux de recherches exécutés près de Sancy semblent avoir donné des résultats absolument négatifs.

Le sondage pratique dans la vallée de la Crusne, à quelques centaines de mètres en avant de Serrouville, sur un affleurement de la couche d'argile supérieure à la formation ferrugineuse, a trouvé sous 18 m. d'argile, d'abord 5 m. de calcaire ferrugineux siliceux et marneux, représentant l'étage des calcaires ferrugineux, puis 3 m. 25 de minerais bleuâtres assez pauvres et sulfureux. Le sondage pratiqué au nord-ouest de Crusnes a donné, pour la formation ferrugineuse, la coupe peu satisfaisante ci-dessous :

	36 m. 74 marnes micacées bleuâtres.
Calcaire ferrugineux..	2 m. 35 calcaire pauvre.
Couche supérieure...	2 m. 12 minerai jaune-brun, très siliceux.
Couche inférieure....	1 m. 08 très marneux, dont la base est à l'altitude 317 m. 43.

Rien d'officiellement connu n'était donc venu modifier les idées anciennes et saper la théorie des affleurements riches ; M. Braconnier, dans sa Description géologique de Meurthe-et-Moselle précitée, répétait encore (page 333) à propos du mode de dépôt des minerais oolithiques.

« La disposition générale des dépôts s'explique très « bien lorsqu'on reconnaît que le dépôt du minerai s'est « effectué sous la mer, sur les bords du grand golfe « situé à l'est du grand bassin jurassique parisien... On « comprend aussi pourquoi la formation ferrugineuse, « dans son ensemble, diminue généralement de puis« sance de la circonférence vers l'intérieur. »

Telle restait la théorie officielle ; mais elle n'était plus admise par la Société de Vezin-Aulnoye, comme on va le voir, c'est-à-dire par l'un des intéressés plus spécialement chargé des minerais, M. Victor SÉPULCHRE.

L'étude attentive du gisement dans la concession de l'Orne, à Moyeuvre, (dans laquelle Vezin-Aulnoye était alors encore intéressée à cause de son ancienne usine de Noveant), et dans les concessions voisines vers l'est avait montré que, contrairement aux idées reçues, les couches de minerai augmentaient de puissance et de richesse vers l'ouest, de la circonférence vers l'intérieur et même en plongeant sous le niveau des eaux souterraines près de la frontière.

La Société de Vezin-Aulnoye, convaincue de l'extension du gîte exploitable en France en deçà de la nouvelle frontière, avait, d'ores et déjà, jeté son dévolu sur un emplacement situé près de la gare d'Homécourt-Joeuf pour la création d'une nouvelle usine, et commencé, par un premier achat consommé dès le 7 juillet 1882 et bientôt suivi d'autres, l'acquisition partielle de cet emplacement où s'étale aujourd'hui sa vaste aciérie.

Pour ne pas asseoir cet établissement uniquement sur une mine gisant toute entière à une assez grande profondeur sous le niveau des vallées et des eaux souterraines, telle qu'elle existait dans la vallée de l'Orne sous Joeuf et Homécourt, cette Société métallurgique tenta d'obtenir et commença par demander, le 21 juin 1882, la concession de l'îlot de terrain minier affleurant à la surface, sur les bords du Conroy au nord-est d'Avril. La concession en avait été une première fois refusée à MM. Jahiet, Gorand, Lamotte et Cie, qui avaient renouvelé leur demande le 23 mars 1881.

D'autres demandes en concurrence surgirent ensuite émanant successivement :

De la Société des Hauts-Fourneaux de Maubeuge, le 15 juillet 1882 ;

De MM. Schneider et Cie, le 9 septembre 1882 ;

De MM. G. Raty et Cie, le 25 novembre 1882.

Si les deux sondages que fit la Société de Vezin-Aulnoye dans la partie affaissée du gîte y reconnurent l'existence de bons minerais, ceux de la société de Maubeuge et de MM. G. Raty et Cie ne firent qu'ajouter au discrédit jeté sur cette région par le sondage de MM. Jahiet, Gorand, Lamotte et Cie.

Néanmoins, ceux-ci obtinrent, le 1er septembre 1883, la concession du « Bois d'Avril », devenue depuis la propriété de MM. de Wendel et Cie.

Informée du revirement qui s'était produit en faveur de MM. Lamotte et Cie, la Société de Vezin-Aulnoye s'était, depuis longtemps, désintéressée de sa demande en concurrence et avait concentré ses vues et reporté ses recherches, dans la vallée de l'Orne, à Joeuf et à

Homécourt, sur la partie du gisement s'étendant de la frontière à l'emplacement d'usine acquis près de la gare d'Homécourt.

Dès le 20 octobre 1882, en allant visiter les recherches d'Avril en compagnie de M. Victor Sépulchre, M. l'ingénieur en chef GENREAU eut connaissance des projets de la Société de Vezin-Aulnoye ; et c'est ce jour-là, ainsi qu'il l'a écrit lui-même dans une lettre que nous avons sous les yeux, et dont nous citons le texte, que M. Genreau « eût, pour la première fois, l'idée du prolonge-« ment possible, à grande distance, sous le sol français, « des gîtes visibles en affleurement de l'autre côté de la « frontière. Il soupçonna que les gîtes ne devaient « être que les prolongements littoraux de zônes riches « venant du large et dont le tronc devait se retrouver sur le territoire français. »

« Pour lui fournir des bases plus complètes d'appré-« ciation, M. Sepulchre fit visiter, peu de temps après, « à M. l'ingénieur en chef la mine de l'Orne, en Alsace-« Lorraine, et fit faire, à sa demande, dans cette mine, « un sous-bure de recherche en profondeur pour déter-« miner la puissance totale du gisement fe-« ainsi que le nombre et la variété des couches de minerais. »

Ces messieurs étudièrent ensemble les échantillons et carottes provenant des recherches de la Société de Vezin-Aulnoye à Avril, dans la mine de l'Orne, à Joeuf et à Homécourt, et M. GENREAU reconnut pour la première fois les caractères des diverses couches et, particulièrement ceux de la couche grise.

M. Genreau distingua dès lors du haut en bas de la formation, les couches rouge, jaune, grise, brune et verte dont les caractères se sont montrés constants dans tout le bassin de Briey.

Tel fut le point de départ de la campagne de recherches menée de 1883 à 1885, s'étendant de la frontière, près de Moyeuvre jusqu'au-delà et à l'ouest de Conflans-Jarny, dans la vallée de l'Orne. M. V. Sepulchre n'ayant aucune raison d'entraîner ses confrères et concurrents à sa suite, tout le mérite en revient à M. Genreau qui l'a provoquée et menée uniquement dans l'intérêt général, mais il n'en reste pas moins établi à quel point le rôle deVezin-Aulnoye fut décisif.

La première demande en concession a été déposée par la Société de Vezin-Aulnoye, le 17 février 1883 : elle portait sur les terrains miniers de la vallée de l'Orne, les plus rapprochés de la frontière, reconnus par deux sondages faits successivement à Joeuf et dans la forêt de Moyeuvre, près d'Homécourt. Elle fut suivie, successivement, deux mois après, le 17 avril, par celle de M. Labbé, administrateur-délégué de la Société métallurgique de Gorcy, qui fit un sondage à Moutiers ; puis, le 22 avril, par celle de M. Rogé, des Usines de Pont-à-Mousson qui, depuis longtemps déjà, avait commencé un sondage à Auboué. C'est ce qui donna lieu aux trois premières concessions instituées dans le bassin de l'Orne sous la même date du 11 août 1884.

Ces demandes en concession furent suivies de près par celle de M. Saintignon, déposée le 3 mai 1883. Puis, une série d'avis qu'on allait commencer des recherches ou de demandes d'occupation de terrain par des sondages émanant de : MM. de Wendel, en juin ; la Société des Aciéries de Longwy, le 21 juillet ; M. de Lespinats, pour la Société de la Haute-Moselle, le 29 juillet ; M. Raty, à Saulnes, les 1er et 25 septembre ; M. Jambille, pour la Société des Hauts-Fourneaux de Maubeuge, le 10 août ; la Société des Hauts-Fourneaux de la Chiers, le 19 août ; MM. Schneider et Cie, les 16 septembre et 1er octobre ; M. Drouville, pour la Société de Champigneulles, le 21 septembre ; MM. Dupont et Fould le 22 octobre ; la Compagnie de Châtillon et Commentry, le 27 octobre ; la Société de Denain et Anzin, le 16 novembre 1883.

Contrairement à ce qui se passait auparavant, M. Genreau ne toléra pas qu'on se mît en concurrence les uns sur les autres sur les mêmes points ; il fit échelonner habilement les recherches de façon à reconnaître méthodiquement le gisement et à éviter que les demandes en concession fussent enchevêtrées les unes dans les autres.

Cette campagne aboutit à la découverte d'un gîte remarquable par la puissance et la régularité des couches, et en particulier de la couche grise, la richesse et la qualité des minerais. Près de 15.000 hectares de terrain minier, reconnus dans le bassin de l'Orne, à l'est et au sud-est de Briey, ont été, de 1883 à 1889, répartis en 17 concessions actuelles, celles de Fillières-la-Grange et du Bois de Briey, ayant été incorporées à la concession de Joeuf.

Voici, avec la date de leur institution et leur étendue, les noms de ces 17 concessions et des concessionnaires :

Date d'institution	*Noms des concess.*	*Superf. en hect.*	*Concessionnaires*
1er septembre 1883	Bois d'Avril	432	MM. Jabiet, Goraud, Lamotte et Cie, vendue à MM. de Wendel.
11 août 1884	Homécourt.	894	Sté de Vezin-Aulnoye.
—	Auboué. . .	671	Sté des hauts-fourneaux et fond. de Pont-à-Mousson
—	Moutiers . .	696	Sté métallurg. de Gorcy.
17 août 1885	Jœuf	1312	MM. de Wendel et Cie.
18 juin 1886	Moineville .	766	MM.F.de Saintignon et Cie.
—	Valleroy. .	886	Sté des Aciéries de Longwy
—	Giraumont .	800	Cie de Chatillon Commentry
—	Jarny. . . .	812	Sté des Hauts-Fourneaux de Maubeuge.
—	Fleury . . .	808	Sté des Aciéries de Pompey.
19 mars 1887	Jouaville . .	1032	MM. G. Raty et Cie.
—	Labry . . .	858	Sté de Champigneules, depuis Cie de Chatillon et Commentry.
7 avril 1887	Briey. . . .	1093	MM. Schneider et Cie.
23 mai 1887	Batilly . . .	688	Sté de la Haute-Moselle, depuis Cie de Chatillon, Commentry et Neuves-Maisons.
5 août 1887	Droitaumont	1170	MM. Schneider et Cie.
12 décembre 1887	Conflans. .	820	MM. Viellard, Migeon et Cie
27 août 1889	Brainville .	1155	Sté de la Providence.

*
* *

Résumons-nous, c'est à MM. Genreau aidé de M. Victor Sepulchre, que revient le mérite d'avoir ainsi reconstitué, surle sol français, la richesse minière ferrugineuse perdue par suite de la nouvelle frontière, frontière heureusement tracée d'après les fausses données de la théorie des affleurements.

Les recherches, dont nous allons parler tout à l'heure qui, commencées dix ans après les premières, ont à partir de 1893, exploré moins méthodiquement la région qui s'étend du nord-est à l'ouest de Briey et donné lieu à l'octroi d'une nouvelle série de concessions, n'ont fait que reculer les limites connues du vaste et riche bassin découvert en 1882-1883.

Mais avant de nous occuper de la seconde période de recherches il convient de relater les efforts considérables faits auparavant pour tirer parti des richesses minières nouvellement reconnues.

La Société de Vezin-Aulnoye fut encore la première à aborder le problème de leur exploitation ; dès l'octroi de la concession d'Homécourt elle commença, en 1885, le fonçage d'un puits.

Il ne s'agissait plus, comme dans les districts de

Longwy et de Nancy, d'ouvrir des galeries d'exploitation à flanc de coteau et parfois directement dans les affleurements des couches de minerais. Dans le district de Briey en effet, celles-ci se trouvent de 80 à 230 m. sous le niveau des vallées. Pour les atteindre il faut traverser d'abord les calcaires aquifères de la base de l'oolithe, puis, au-dessous d'une assisse marneuse de 20 à 25 m. de puissance, les calcaires ferrugineux qui couronnent avec une épaisseur d'une dizaine de mètres, la formation ferrugineuse et reposent sur la première couche de minerai dite couche rouge.

Personne ne savait ni ne pouvait soupçonner à quelles venues d'eau on aurait à faire face dans les calcaires supérieurs, dans quelle mesure l'assise marneuse serait imperméable, ni quel serait le régime des eaux dans la formation ferrugineuse elle-même.

Les difficultés furent grandes dès le début : les calcaires rencontrés à la surface étaient très fissurés et très aquifères. Sans se décourager, et sans qu'aucun autre concessionnaire suivit son exemple et vint ainsi coopérer à l'épuisement des eaux, la Société de Vezin-Aulnoye poursuivit, pendant trois ans, le fonçage de son puits à niveau vide, avec d'autant plus de difficultés qu'à une certaine profondeur il passait dans le voisinage de multiples petites failles que rien, à la surface explorée avec soin, n'avait révélées. A la fin de 1888, le puits, cuvelé en trois passes successives à travers les calcaires, muraillé dans les marnes, avait atteint les calcaires ferrugineux qui recouvrent la formation ferrifère.

Le 12 décembre 1888, le puits, ayant à peine pénétré de 1 m. 50 dans ces calcaires, y rencontra une crevasse largement ouverte qui, donnant brusquement issue aux eaux, le noya complètement et le transforma en puits artésien. Après un essai d'épuisement qui montra qu'on avait à faire à une venue d'eau extrêmement considérable, les travaux furent momentanément abandonnés. Vers cette époque, la Société de Noveant, dans sa concession voisine en Alsace-Lorraine et tout près de la frontière, commença le fonçage d'un puits qui, à son tour, dut être arrêté dans des calcaires ferrugineux, exactement au même niveau géologique que celui de la Société de Vezin-Aulnoye. Malgré ce nouvel insuccès et les appréhensions qu'il inspirait, MM. de Wendel entreprirent, à leur tour, le fonçage d'un premier puits d'extraction dans la concession de Jœuf au sud de la faille de l'Orne ; mais ce puits rencontra aussi, au sommet de la formation ferrugineuse, une venue d'eau si importante que l'on dut renoncer à installer une exploitation.

MM. de Wendel demandèrent alors (février 1893) et obtinrent (arrêté du 7 juillet 1894) l'autorisation de conduire, au travers de la frontière, des galeries de recherches situées au nord de la faille de l'Orne. Ces galeries constatèrent l'allure de la couche et permirent de vérifier le peu d'importance de la venue d'eau à cet endroit. MM. de Wendel foncèrent alors successivement deux nouveaux puits en 1894 pour la mise en exploitation de la mine de Jœuf.

Pendant ce temps la Société de Vezin-Aulnoye avait également, en 1894, repris le fonçage de son premier puits. Grâce à l'installation de 4 pompes élévatoires puissantes mûes du jour, le puits fut achevé, non sans grand labeur, et cuvelé jusqu'à la 3e couche, dite couche grise. Les premiers travaux, commencés dans la 4e couche, la couche brune, séparée de la couche grise par 6 mètres de roche marneuse, furent poursuivis avec les plus grandes précautions. Contrairement à ce qui se passait à Jœuf dans le mine de MM. de Wendel, on était entouré d'eau : les manomètres placés dans le cuvelage et sur les fissures, indiquaient que le niveau de l'eau remontait à plus de 50 m. de hauteur.

Mais peu à peu, grâce à un épuisement permanent considérable, le réservoir s'est vidé, ne laissant plus les pompes aux prises qu'avec une venue d'eau modérée et normale compatible avec une extraction économique.

Le problème était résolu, non seulement le préjugé universellement défavorable du non-prolongement souterrain des couches avait été vaincu, non seulement les sondages avaient démontré leur existence, mais encore un puits allant jusqu'à la formation, permettait de l'exploiter et d'amener enfin au jour ces minerais dont on avait si longtemps nié l'existence.

Il avait fallu dix ans de travail opiniâtre pour triompher de toutes les difficultés.

LA DECOUVERTE DU BASSIN DE L'ORNE

Nous avons, avec le plus grand soin, précisant les dates, montré comment s'était accomplie la grande découverte du prolongement, en France, des couches de minerai de fer affleurant sur la frontière franco-allemande.

Achevons notre œuvre et disons comment a été découverte la deuxième portion du bassin ferrifère dans la vallée de l'Orne.

Le succès des premières recherches encouragea les initiatives et, vers 1893, eut lieu une nouvelle campagne.

Voici dans quelles circonstances cette découverte est racontée par M. Charlet PALGEN, directeur-gérant de la Société des Hauts-Fourneaux de la Moselle (*Mémoire de l'Union des Ingénieurs de Louvain, 1900.)*

Le point de départ fut la connaissance et l'étude du gisement ferrifère au nord de Crusnes (voir la carte), de même que, dans le sud, le point de départ des recherches avait été l'étude du gisement de Moyeuvre.

La Société des Hauts-Fourneaux d'Audun-le-Tiche, dit M. Palgen, possédait des concessions de minerais de fer étendues qui sont divisées en deux par la faille de Crusnes-Audun-le-Tiche. Celle-ci a une direction nord-est sud-ouest, est inclinée de 61° vers le sud-est et a un rejet vers le sud-est de 125 mètres.

Les minerais au nord-ouest sont exploités à la Croix-Michel et Diggendal sur la hauteur où ils affleurent, tandis que les minerais au sud-est de la faille sont à 90 mètres au-dessous de la source de l'Alzette et sont exploités par un puits ; il y a une pompe d'épuisement qui enlève environ 500 litres d'eau par minute.

Il est donc bien démontré : 1° Que les couches sont les mêmes de part et d'autre de la faille ; 2° que celles qui se trouvent au sud-est de la faille sont plus puissantes et plus riches.

« J'avais étudié cette faille en 1889, dit M. Palgen,

« et j'étais arrivé à la conclusion que les minerais noyés « au sud-est de la faille devaient être les mêmes que « ceux trouvés à Esch, à la Hoehl et au Galgenberg, et « j'avais proposé à mon conseil d'entreprendre immédia- « tement des sondages pour vérifier ma conclusion.

« On eut la malencontreuse idée d'essayer de faire « un petit puits sans avoir l'outillage et les pompes vou- « lues, et ce n'est qu'en 1893 que les couches furent tra- « versées par un sondage et donnèrent une valeur « énorme aux concessions d'Audun-le-Tiche et à toutes « celles qui y touchent sur le plateau d'Aumetz .

« Actuellement, la concession est en pleine exploi- « tation au moyen de deux puits de 4 mètres de dia- « mètre et de 90 mètres de profondeur.

« Or, pour moi, comme nous allons le voir plus loin, « le bassin oolithique est partagé par la faille de Crusnes « de telle façon que les couches siliceuses sont au nord- « ouest de la faille, c'est-à-dire dans le bassin de Long- « wy, et, au Luxembourg, dans le bassin de Belvaux- « Lamadelaine, tandis que les couches calcareuses sont « au sud-est de ladite faille, c'est-à-dire en Lorraine et « dans le bassin Esch-Rumelange.

« Il y avait donc toutes probabilités qu'en France, « aussi bien qu'en Lorraine allemande, on devait trouver « ces couches calcareuses riches, surtout depuis que les « résultats d'Audun-le-Tiche furent connus. C'est donc « à Crusnes qu'il y avait lieu de faire des sondages, de « demander et d'obtenir une concession de minerai de « fer. Mais les recherches faites antérieurement à Crus- « nes par M. Labbé, de Gorcy, avaient donné un résultat « négatif; de même, un sondage pratiqué dans la vallée « de Crusnes, près de Serrouville, n'avait rien donné. « Dans ces conditions, les ingénieurs de mines avaient « condamné toute la zone longeant la frontière franco- « allemande depuis Crusnes à Audun-le-Roman comme « étant stérile. Mais je ne pouvais admettre que la li- « mite des belles couches de mine correspondait avec « la nouvelle frontière tracée par Bismarck

« C'est avec ces arguments que je demandais en fé- « vrier 1893, à mon Conseil de la Société Lorraine In- « dustrielle, de faire des sondages à Crusnes, A la suite « d'une séance très agitée les sondages furent décidés et commencés immédiatement. (C'est là le point de dé- part de la découverte et il a valu bien des railleries à M. Palgen.)

Cependant nous atteignîmes dit-il, en juin 1893, la « formation ferrugineuse à la profondeur de 163 m. 30.

« Les résultats furent tels que nous les avions pré-

« vus. Nous y fîmes trois sondages, dont deux à Crusnes et le troisième à Errouville.

« Ce sondage se trouve à droite de la route nationale « de Crusnes à Bréhain-la-Cour, à une distance de « 918 mètres de la frontière franco-allemande. Il a « donné le résultat suivant :

COUCHES	*PROFONDEUR*	*Epaisseur des couches*	*ANALYSES* Silice	Alumine	Chaux	Fer métallique
—	—	—	—	—	—	—
Couche grise calcareuse .	de 160m,47 — 163m,71	3m,24	5.98	4.25	21.51	30.56
Couche brune siliceuse ...	de 170m,01 — 170m,36	0m,35	18.79	8.18	4.78	39.19
Couche brune siliceuse ...	de 170m,36 — 173m,76	3m,40	14.33	6.75	3.78	43.80
	Total.....	**6.99**				

La couche grise est une bonne mine calcareuse ; « triée, elle sera plus riche en fer ; la brune de 3 m. 40 « est une très belle mine.

« A la suite de ces sondages la Société Lorraine Industrielle demanda et obtint la concession dite d'Errouville, de 948 hectares, par décret du 8 novembre « 1895.

M. Palgen ne s'arrêta point là, avec quelques amis MM. Godchaux, Gustave Simon et Gauche il conçut le projet de rechercher d'autres points du territoire français abandonnés également par les maîtres de forges à la suite de l'insuccès de travaux de recherches antérieurs.

« Nous conçumes le projet, dit-il, de faire des son- « dages aux points les plus rapprochés qui étaient libres « sur la frontière française, contre Lommerange et la « vallée de Conroi.

« Nous y fîmes successivement les trois sondages de « Saint-Pierremont, de la ferme de Sait à Tricux et « d'Avril qui tous les trois furent couronnés d'un plein « succès.

« Cependant les territoires sur lesquels nos explora- « tions ont porté avaient été l'objet, dans le cours des « années 1882, 1883, de divers travaux de recherches « qui étaient tous restés infructueux.

« Ainsi la Société de Maubeuge avait pratiqué en « 1882 un sondage au point *a* de la carte c'est-à-dire « à environ 300 mètres au nord de notre sondage n° 1

« de Saint-Pierremont. Bien qu'il fût poussé à 200^{m},69 « de profondeur, il n'avait donné, d'après le livre de « sondages, que des minerais marneux inexploitables « et des sables.

« D'autre part, la même année, MM. Raty et Cie, à « Saulnes, avaient fait à Avril, près du lavoir au point « *b* de la carte, à 500 mètres de notre sondage n° 2 « d'Avril, un sondage qui a également donné un résul- « tat négatif, bien qu'il fût poussé jusqu'à 175^{m},20.

« Enfin, en 1883, un nouveau sondage fut entrepris « par M. Raty, à Sancy, et abandonné à 200 mètres sans « avoir recoupé le gisement de minerai de fer.

« Ces travaux semblaient établir que les terrains en « question ne renferment pas de gîte avantageusement « exploitable; aussi, depuis dix ans, personne ne s'était « avisé de faire de nouvelles reconnaissances. L'impres- « sion que ces terrains étaient stériles était partagée par « M. Braconnier, comme cela résulte de l'extrait sui- « vant de son ouvrage, p. 200, paragraphe 371 : « *Le* « *gîte avantageusement exploitable se prolonge-t-il le* « *long de la frontière sur les territoires de Trieux,* « *Sancy, Audun-le-Roman? Cela paraît fort douteux ;* « *les travaux de recherches exécutés près de Sancy* « *semblent avoir donné des résultats absolument néga-* « *tifs.* »

« Malgré ces présomptions défavorables, nous avions « acquis la conviction qu'il était peu probable que la « frontière politique formait aussi la limite des couches « exploitables et il nous paraissait que l'insuccès des « recherches de Saint-Pierremont, d'Avril et de Sancy « devait être le fait d'accidents géologiques dont les « conséquences étaient purement locales et nullement « susceptibles d'être étendues à toutes la région. — « Pénétrés de cette idée, nous avons procédé à une visite « minuticuse de toute la contrée depuis Fontoi jus- « qu'à Avril et constaté la couche grise calcareuse « hors de l'eau et exploitable souterrainement par gale- « rie horizontale à gauche de la vallée de Conroi.

« Sur la droite du Conroi les couches n'affleurent « déjà plus et sont sous eau ; elles plongent vers le cou- « chant, c'est-à-dire vers la France.

« Le premier sondage, celui de Saint-Pierremont, « fut commencé le 15 décembre 1893 et fini le 19 mars « 1894.

« C'est vers le 8 mars 1894, que nous atteignîmes la « première couche, la *couche rouge*, et bientôt la *cou-* « *che grise calcareuse*. En résumé, voici ce que le puits « n° 1 de Saint-Pierremont a donné :

COUCHES	PROFONDEURS	*Epaisseur des couches*	*Silice*	*Alumine*	*Chaux*	*Fer métallique*
Couche rouge siliceuse..	de 156m,80 — 159m,45	2.65	16.37	6.93	10.66	32.95
Couche grise calcareuse.	de 161m,95 — 166m,20	4.25	9.72	6.51	11.22	37.30
	Total......	**6.90**				

« La première couche est susceptible d'être employée « en mélange avec la grise pour certaines qualités de « fontes.

« La deuxième couche constitue une excellente mine « calcareuse pour la fabrication des fontes Thomas.

« Malgré toutes nos précautions, ce résultat inattendu « fut rapidement divulgué et fut le signal d'une course « aux sondages qui dura jusqu'en 1898. Grâce à cette « ardeur, 17.500 hectares de minerais riches furent re- « connus et distribués entre les maîtres de forges. C'est « à nous que la France est redevable de cette nouvelle « découverte !

« Encouragés par ce beau résultat, nous exécutâmes « immédiatement les sondages d'Avril et de la ferme « du Sart, à Trieux, qui confirmèrent la découverte de « Saint-Pierremont.

« Nous trouvâmes successivement :

A Avril :

COUCHES	PROFONDEURS	*Epaisseur des couches*	*Silice*	*Alumine*	*Chaux*	*Fer métallique*
Couche rouge calcareuse	de 149m,50—150m,13	0.63	9.63	6.18	13.45	39.17
» grise »	de 157m,62—161m,40	3.78	8.65	4.43	12.26	36.83
» verte »	de 171m,83—172m,63	0.80	10.59	7.75	15.25	30.98
	Total......	*5.21*				

A la ferme du Sart lez-Trieux :

COUCHES	PROFONDEURS	*Epaisseur des couches*	*Silice*	*Alumine*	*Chaux*	*Fer métallique*
Couche rouge calcareuse	de 169m,50—170m,80	1.60	5.20	7.31	15 00	37.17
» grise »	de 178m,69—182m,56	3.87	6.88	5.23	8.52	40.97
» verte »	de 191m,87—194m,25	2.38	14.58	5.62	6.62	36.69
	Total.....	*7.85*				

« En résumé, nos travaux ont amené la découverte « d'une belle *couche grise calcareuse* variant de 3m,78 « à 4m,25 et tenant 36.83 à 40.97 de fer métallique.

« La couche *rouge* ne paraît exploitable que du côté « de Trieux et ce n'est aussi que là qu'on peut tirer « parti de la couche verte.

« Le mur de la couche grise est respectivement aux « cotes de 97m,93 au Sart, à 105m,10 à Saint-Pierremont

« et à 111°,20 à Avril. La couche plonge donc faible-
« ment du sud au nord, le pendage est de 4 millimètres
« par mètre. Il est permis d'induire de ces cotes qu'il
« n'y a aucune faille entre les trois sondages et que la
« ligne qui les réunit jalonne sensiblement la direction
« de la couche.

La concession ainsi découverte ne fut pas attribuée à MM. Godchaux, Palgen et consorts par le Conseil d'Etat mais le titre d'inventeur ne saurait leur être contesté.

L'élan ainsi donné, Pont-à-Mousson se montre comme toujours au premier rang. Cette vaillante usine guidée par M. Cavalier qui tient déjà en main les rênes, pousse résolument ses recherches à l'ouest, quelques mois après mars 1894, époque à laquelle le sondage de Saint-Pierremont avait réussi.

En juillet et août 1894, en effet, Pont-à-Mousson commençait presque simultanément quatre sondages :

Un à Sancy, près d'Audun-le-Roman, dans la partie orientale du nouveau bassin :

Un à Gondrecourt, à 15 kilomètres du premier, près du chemin de fer de Conflans à Longuyon ;

Et deux autres dans une région intermédiaire, l'un à Anoux et l'autre à Mainville, près Mairy.

Ces trois derniers sondages constituaient incontestablement des recherches *très hardies*, dans des régions absolument inexplorées et inconnues comme sous-sol.

Le sondage d'Anoux a recoupé une couche inexploitable.

Le sondage de Gondrecourt a montré un appauvrissement plus accentué encore de la formation ferrugineuse ; mais le sondage de Mainville a recoupé une couche de minerai d'excellente qualité et de grande épaisseur, et ce sondage constitue incontestablement une invention au premier chef. Aussi le service local des mines a-t-il cru équitable de proposer pour Pont-à-Mousson une concession située autour de Mairy, dans la région découverte par Pont-à-Mousson.

De ce fait que la concession proposée pour Pont-à-Mousson se trouve à l'ouest des treize concessions dont l'instruction a été faite par le service local de Nancy, il ne faut pas conclure que Pont-à-Mousson ait fait ses recherches à la suite des douze autres Sociétés ; il n'en est rien, et il est facile de voir quels étaient seulement les sondages en cours d'exécution dans le nouveau bassin, alors que Pont-à-Mousson avait déjà en cours d'exécution les sondages de Sancy, d'Anoux, de Gondrecourt et de Mainville. Si la concession accordée à Pont-à-Mousson se trouve à l'ouest des autres, c'est que la caractéristique de sa découverte a été à Mairy-Mainville, où la formation se rapprochait plus de celle de Landre, découverte un peu plus tard, que de celle de la partie orientale du bassin vers la frontière de la Lorraine allemande.

De ce fait Pont-à-Mousson a donc eu une large part dans la découverte du nouveau bassin ferrifère d'entre Meuse et Moselle.

Il faut noter aussi que MM. de Wendel comme toujours furent au premier rang. Ils pratiquèrent en 1894 deux sondages dans la région de Mance et de Bettainvilliers à la suite desquels ils obtinrent la concession de Mance.

En 1895 ils exécutèrent à l'ouest, sur la limite du département de la Meuse, les sondages de Baroncourt et Joudreville, ce dernier sondage fit connaître le riche bassin de Landre, au moment où les recherches exécutées dans cette région allaient être abandonnées. Cette découverte augmentait singulièrement l'étendue des ressources minérales du bassin de Briey, mais quoique incontestablement inventeurs, MM. de Wendel n'obtinrent pas de concession. Ils exécutèrent encore un dernier sondage en 1899 à Lautefontanie.

***

Voici la description détaillée des 21 concessions formant le nouveau bassin :

1° La *Concession d'Errouville*, d'une surface de 948 hectares, a été donnée à la Société Lorraine Industrielle par décret du 8 novembre 1895. Elle est limitée à l'ouest par la faille de Crusnes-Audun-le-Tiche, à l'est par la frontière, au sud par la concession de Beuvillers.

Le mur de la couche grise a été rencontré à Crusnes, à la profondeur de 163m,71 et à Errouville à 172m,43. On y a trouvé une *couche grise calcareuse* de 3m,24, contenant silice = 5,98, alumine = 4,25, chaux = 21,51, fer métallique = 30,56.

Et une belle *couche brune siliceuse* de 3m,75, contenant silice = 14,33, alumine = 6,75, chaux = 3m,78, fer = 43,80.

Le long de la frontière la mine s'améliore encore, ainsi que le démontrent les sondages exécutés sur le plateau d'Aumetz.

Un petit triangle de la concession se trouve au-delà de la faille : cette partie est bonne, ainsi que le démontre le sondage fait pour la concession de Sérouville, appartenant à la Société anonyme des Laminoirs de Brévilly.

2° La *concession de Beuvillers*, d'une surface de 723 hectares, a été instituée, par décret du 3 juin 1899, en faveur de la Société des Hauts-Fourneaux de la Chiers. Elle longe la frontière allemande et se trouve limitrophe des concessions lorraines Idazeehe, appartenant à Krupp et Reichsland, formée par une association de maîtres de forges allemands parmi lesquels Horder-Bergwerksverein. Il y a deux puits en fonçage.

Le sondage BU, de la Société de la Chiers, a donné les résultats suivants :

La *couche rouge* a une épaisseur de 1m,45 et contient : fer = 27, chaux = 24, silice = 5 p. c. La *couche grise* a 3m,07 et contient 29 p. c. de fer, 20 de chaux et 7 de silice.

3° La *concession de Bazonville* a été donnée à la Société des Aciéries de Micheville, par décret du 31 mars 1899. Elle a une superficie de 600 hectares. Elle a été explorée par le sondage BJ qui a révélé une *couche rouge* de 2m,50, contenant 30 p. c. de fer, 18 p. c. de chaux, 16 p. c. de silice ; une *couche grise* de 2m.70 contenant 38 p. c. de fer, 12 p. c. de chaux et 10 p. c. de silice ; enfin, une brune de 3 m, 15, contenant 38 p. c. de fer, 6 p. c. de chaux et 15 p. c. de silice.

4° La *concession de Sancy*, d'une contenance de 735 hectares, a été donnée à MM. G. Raty et Cie, par décret du 31 mars 1899. Deux sondages y ont été exécutés : celui BP avait révélé l'existence d'une *belle couche grise* de 4m,75 contenant 36 p. c. de fer, 11 p. c. de chaux 8 p. c. de silice. Le sondage BQ a donné 3m,85 avec 35 p. c. de fer, 14 de chaux, 9 de silice.

5° La *concession de Trieux* a été octroyée à M. Emile Thomas, banquier à Longwy, par décret du 31 mars 1900. Elle contient 390 hectares et a été reconnue par un sondage qui a révélé une couche calcareuse de 3 m. 96, contenant 39 p. c. de fer, 11 de chaux, 8 de silice

6° La *concession* de Chevillon a été reconnue par des travaux de Ernest Godchaux et Cie, qui ont fait les trois sondages dont nous avons parlé plus haut. Les inventeurs ont été supplantés par la Compagnie des Chemins de fer et de la Marine, à Saint-Chamond.

La concession fut donnée par décret du 30 août 1899 et a une contenance de 712 hectares.

7° La *concession d'Anderny*, de 814 hectares, appartient à la Société de Vezin-Aulnoye par décret du 31 mars 1899.

Elle renferme trois sondages : le sondage BK ayant révélé une *couche rouge* de 1m,25, contenant 39 de fer,

10 de chaux, 11 de silice ; une *couche grise* de $3^m,73$, avec 37 de fer, 10 de chaux, 13 de silice ; enfin une *couche brune* de $5^m,00$, contenant 39 de fer, 5 de chaux, 17 de silice.

Le sondage BD a donné une *couche grise* de $3^m,87$, avec une teneur en fer de 34, en chaux de 17 et en silice de 9 p. c.

Enfin le sondage BN, a donné une *couche grise* de $4^m,86$, tenant 38 de fer, 11 de chaux et 7 de silice. C'est le seul des 3 sondages exécutés par la Société qui soit compris dans sa concession. Les 2 autres sont dans la concession de Malavillers.

8° La *concession de Tucquegnieux*, donnée par décret du 31 mars 1899 à la Société des Aciéries de Longwy, contient 1.196 hectares et a été reconnue par trois sondages : le sondage BB a révélé une *couche grise* de $4^m,60$, tenant 33 p. c. de fer, 15 p. c. de chaux, 8 p. c. de silice. Le sondage BC a donné pour la *couche grise* 3 m. 05 d'épaisseur, avec 36 defer, 11 de chaux, 9 de silice, tandis que le sondage BV a traversé une *couche grise* de $5^m,49$, d'une teneur de 40 de fer, 9 de chaux, 7 de silice.

C'est donc une belle acquisition pour cette Société. On vient de commencer les travaux de fonçage d'un puits.

9° La *concession de Mairy* a été obtenue le 31 mars 1899 par la Société de Pont-à-Mousson. Elle a une superficie de 1.092 hectares et contient trois sondages : le sondage CS qui a fourni une *couche jaune* exploitable de $2^m,30$, avec 36 de fer, 15 de chaux, 6 de silice et une *couche grise* de $4^m,30$ contenant 38 p. c. de fer, 15 p. c. de chaux, 5 p. c. de silice ; le sondage BI a donné une couche de 34 p. c. de fer, 16 p. c. de chaux, 5 p. c. de silice ; enfin le sondage BF a révélé une *couche grise* de $6^m,03$, avec fer = 41. chaux = 11, silice = 6 p. c.

10° La *concession de Bettainvillers* a été instituée par décret du 20 mars 1900 en faveur de la Société métallurgique de Gorcy et contient 463 hectares.

Le sondage AW a recoupé une couche de $2^m,59$, contenant 4 p. c. de fer, 8 p. c. chaux et 6 p. c. de silice.

11° La *concession de Mance*, donnée par décret du 31 mars 1899 à MM. de Wendel et Cie, contient 805 hectares et a été reconnue par le sondage BS qui a traversé une *couche grise* de 4^m, 35, contenant 35 p. c. de fer, 14 de chaux et 8 de silice, et le sondage BT ayant donné une couche de $2^m,90$, avec 32 p. c. de fer, 14 de chaux, 5 de silice.

12° *Concession de Pienne.* — Elle a été instituée en faveur de la Société du Nord et de l'Est par décret du 20 mars 1900 et contient 862 hectares. Elle a été reconnue par cinq sondages. Le sondage CE a donné 5 m. 68 de *couche grise,* contenant 42 de fer, 9 de chaux, 5 de silice.

Le sondage CH donne une couche grise de 6 m. 25, contenant 41 de fer, 12 de chaux, 6 de silice.

Le sondage DH donne une couche grise de 6 m. 85, avec 40 de fer, 13 de chaux, 6 de silice .

Le sondage CF a révélé une couche grise de 5 m. 80 et le sondage CT a recoupé une couche grise de 4 m. 42, contenant 37 de fer, 12 de chaux, 6 de silice .

Elle est donc d'une très haute valeur.

13° *Concession de Malavillers.* — Elle a été octroyée par décret du 20 mars 1900 à la Société de Denain et Anzin.

La superficie est de 732 hectares .

Elle a été reconnue par quatre sondages, à savoir :

Le sondage DM, qui a amené la découverte d'une *couche rouge* de 1 m. 65, contenant 37 de fer, 17 de chaux, 10 de silice.

Le sondage BG, qui a traversé une *couche rouge* de 1 m. 90, ayant donné à l'analyse 36 de fer, 16 de chaux, 10 de silice et une *couche grise* de 3 m. 07 contenant 36 de fer, 34 de chaux, 9 de silice.

Le sondage DE a donné une *couche rouge* non exploitable, une *couche jaune* de 3m. 06, contenant 33 de fer, 13 de chaux, 9 de silice ; enfin, une couche grise de 3 m. 87, ayant donné à l'analyse 38 de fer, 10 de chaux, 8 de silice.

Le sondage DF a rencontré une *couche jaune* de 2 m. 20, avec 33 de fer, 15 de chaux, 7 de silice et une couche grise de 4 m. 35, contenant 38 de fer, 10 de chaux, 8 de silice.

14° *Concession de Murville.* — Instituée par décret du 20 mars 1900 en faveur de la Société de Maubeuge. elle contient 496 hectares. Quatre sondages y ont été exécutés.

Le sondage CV a donné une *couche rouge* de 1 m. 35. contenant : fer : 33, chaux 12, silice : 12 ; une *couche grise* de 3 m 78, contenant fer : 28, chaux : 20, silice : 8.

Le sondage DC a révélé une *couche rouge* de 5 m. 73, donnant à l'analyse Fe = 27, chaux = 18, silice = 11 et une *couche grise* de 5 m. 94, ayant donné $Fe = 39$, $CaO = 10$, $SiO^2 = 8$.

Le sondage DK a recoupé une *couche rouge* de 1 m. 98,

contenant 30 fer, 21 chaux, 9 silice et une *couche grise* de 2 m. 34 ,donnant 32 fer, 17 chaux, 9 silice .

Enfin le sondage EL a constaté la *couche grise* avec une épaisseur de 4 m. 32, avec une teneur de 38 fer. 11 de chaux, 6 de silice.

15° *Concession de Bertrameix.* — Elle appartient à la Société métallurgique de Senelle-Maubeuge et a une superficie de 425 hectares. Elle a été reconnue par le sondage CX qui a traversé une *couche grise* de 4 m. 61, ayant donné 34 de fer, 16 de chaux et 7 de silice.

16° La *concession de Landres*, obtenue par les Aciéries de Micheville, a une contenance de 533 hectares. Elle contient 4 sondages, dont voici les résultats :

Sondage	*Couche*	*Epaisseur*	*Fer*	*Chaux*	*Silice*
CH	Grise	6.25	41	12	6
CR	Grise	6.92	42	9	6
DP	Grise	9.60	36	14	7
DG	Grise	6.65	40	11	6
»	Noire	2.00	24	7	35

Micheville va y foncer un puits pour lequel on compte dépenser 4 millions de francs.

17° *Concession La Mourière.* — Elle a été donnée aux Aciéries de Pompey, sa surface est de 474 hectares. Dans son périmètre, il y a les trois sondagss suivants :

Sondages	*Couche*	*Epaisseur*	*Fer*	*Chaux*	*Silice*
DI	Grise	4.26	31	17	12
»	Verte	2.90	25	5	40
CP	Grise	8.63	40	11	5
DB	Grise	8.73	32	18	6
»	Dont	4.80	38	13	6

18° *Concession de Bouligny* — Elle appartient à M. A. Chappée, fondeur au Mans, et contient 436 hectares.

Elle a été reconnue par le sondage CQ qui a révélé une *couche grise* de 6 m. 25, ayant la composition suivante :

Fer = 34, chaux = 15, silice = 8. et une couche verte de 1 m. 55, contenant 32 de fer, 6 de chaux ,28 de silice

19° La *concession de Joudreville* a été octroyée à la Société de Commentry-Fourchambault ; superficie=501 hectares. Dans cette concession, il y les trois sondages suivants :

Sondage	*Couche*	*Epaisseur*	*Fer*	*Chaux*	*Silice*
CB	Grise	6 42	41	9	7
DA	Grise	1.80	33	15	6
EM	Jaune	1.35	26	17	14
	Grise	1.43	22	20	15
	Verte	2.15	21	19	21

20° La *Concession d'Amermont* a été obtenue par les deux Sociétés de la Providence et F. de Saintignon, et a une contenance de 546 hectares.

Elle a été reconnue par trois sondages, à savoir :

Sondage	*Couche*	*Épaisseur*	*Fer*	*Chaux*	*Silice*
BW	Grise	7.21	41	9	6
CL	Verte	2.49	15	15	38
CI	Grise	6.40	42	9	6
CZ	Grise	5.45	22	20	5

21° *Concession de Dommary.* Concessionnaires : MM. Capitain-Gény, MM. Marcellot et Cie et Société des Forges de Champagne. La superficie est de 475 hectares. Elle a été reconnue par un seul sondage CO qui a révélé une belle couche grise de 4 m. 75, ayant donné à l'analyse 43 p. c. de fer, 6 p. c. de chaux et 7 p. c. de silice.

Notons encore les trois concessions qui vont être vraisemblablement octroyées sous peu et que nous donnerons bientôt.

***

Il est temps de terminer cette étude que nous avons faite aussi sérieuse que possible.

Si l'on veut maintenant examiner de haut et avec impartialité la part qui revient aux initiateurs dans cette belle découverte de nouvelles richesses minérales francaises, il faut rappeler le rôle de chacun comme nous venons de l'indiquer.

D'abord, tout à fait à l'avant-garde et pour ainsi dire perdus dans une lueur incertaine, nous apercevons MM. JAILLET, GORAND, LAMOTHE, d'Ottange qui, les premiers, sans succès du reste, débutent dans la voie des recherches en profondeur dans la Lorraine française vers 1875.

Les années se passent, l'oubli se fait presque lorsque M. V. SÉPULCHRE apparaît le premier en 1880 avec les travaux d'Homécourt, étudiant cette fois scientifiquement avec M. GENREAU la question géologique du prolongement souterrain des affleurements ferrifères de la Moselle vers la Lorraine française. Les premiers ils arrivent à une conviction contraire à tout ce qui était admis jusque là.

Presque aussitôt, de hardis pionniers : MM. DE WENDEL, Xavier ROGÉ, LABBÉ entrent en lice, guidés encore par M. GENREAU.

Puis, sur leurs traces, s'élancent MM. DREUX, DE SAINTIGNON, SCHNEIDER, LÉVY, LESPINATS, VIELLARD-

MIGEON, HOVINE, dont les noms doivent être conservés dans ce grand œuvre patriotique.

Enfin, le 13 décembre 1893, MM. PALGEN, GODCHAUX et consorts entreprennent le sondage de Saint-Pierremont, terminé le 19 mars 1894. La même année, en juillet et août, PONT-A-MOUSSON recommence une série de sondages et le mouvement de recherches devient encore général, pour aboutir à l'institution du nouveau groupe de concessions.

C'est là que nous voyons apparaître, outre les pionniers infatigables de la première heure : FERRY-CURICQUE, Emile THOMAS, DE MONTGOLFIER de Saint-Chamond, RÉSIMONT, du Nord et de l'Est, le baron DE NERVO, de Denain-Anzin, RATY de Maubeuge, DE SAINTIGNON de Senelle-Maubeuge, FOULD-DUPONT, A. CHAPPÉE, FAYOL. de Commentry-Fourchambault, CAPITAIN-GENY, MARCELLOT, E. LANG, des Forges de Champagne.

Honneur à tous !

***

En résumé, après les découvertes que nous venons de relater, voici les richesses minières des trois pays dans lesquels s'étend la formation ferrugineuse oolithique :

1° Le *Luxembourg* contient encore environ 300 millions de tonnes de minerai de fer.

2° La *Lorraine allemande* possède 41.440 hectares de terrains miniers contenant environ 3.200 millions de tonnes de minerais.

3° Enfin, le *département de Meurthe-et-Moselle* possède, ainsi qu'il a été dit plus haut, tant à Longwy qu'autour de Briey environ 40,000 hectares de terrains miniers.

Les terrains de Briey fourniront environ 2.000 millions de tonnes de minerais de tout premier choix, tandis que nous comptons sur environ 400 millions de tonnes de minerais à exploiter encore dans les bassins de Longwy, ce qui fait un total de 2.400 millions de tonnes de minerai.

En y ajoutant le bassin de Nancy qui est de la même formation et qui a environ 11,000 hectares de concessions, le total des minerais de fer appartenant à la France sera d'environ 5 milliards de tonnes, c'est-à-dire un peu supérieur au tonnage de l'Allemagne, qui est d'environ 3 milliards.

Tout a été réparé ainsi par l'initiative des industriels et des ingénieurs que nous avons nommés, et la France vaincue n'a plus rien à envier de ce chef à l'Allemagne victorieuse.

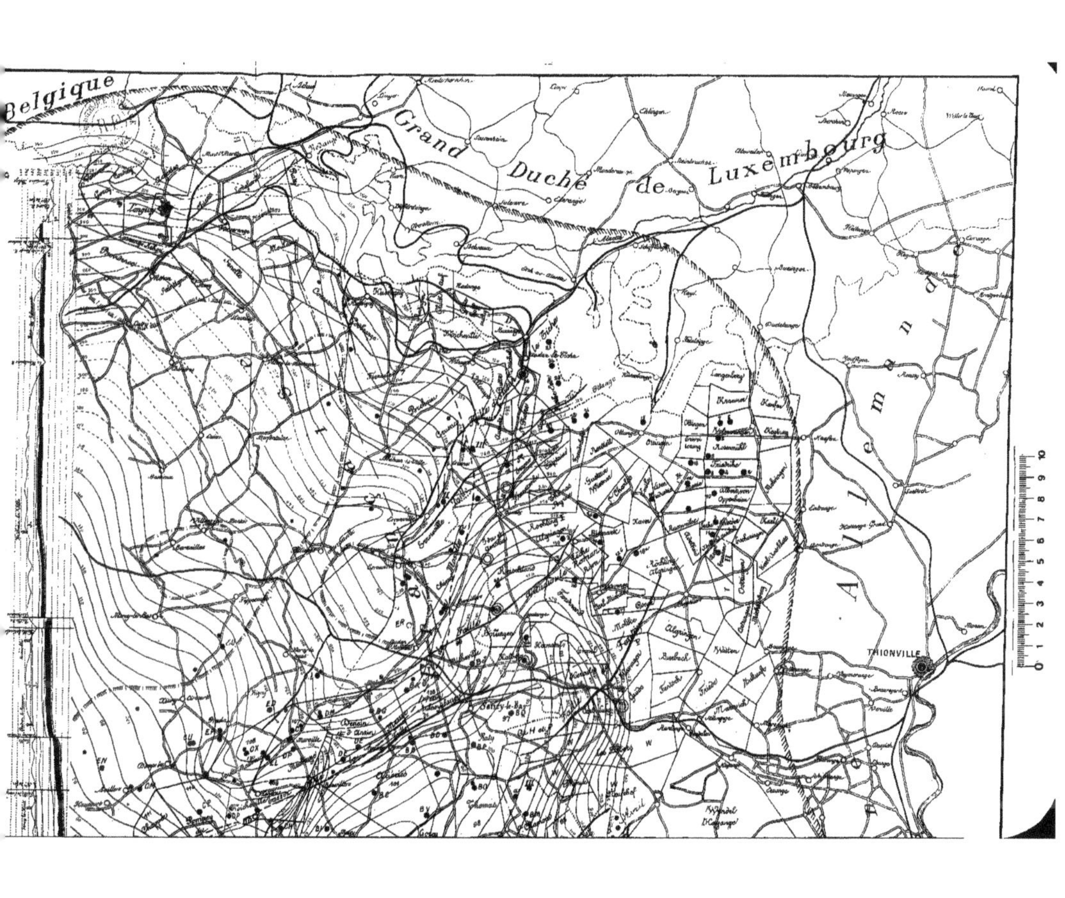

Belgique
Grand Duché de Luxembourg
Allemagne
THIONVILLE
0 1 2 3 4 5 6 7 8 9 10

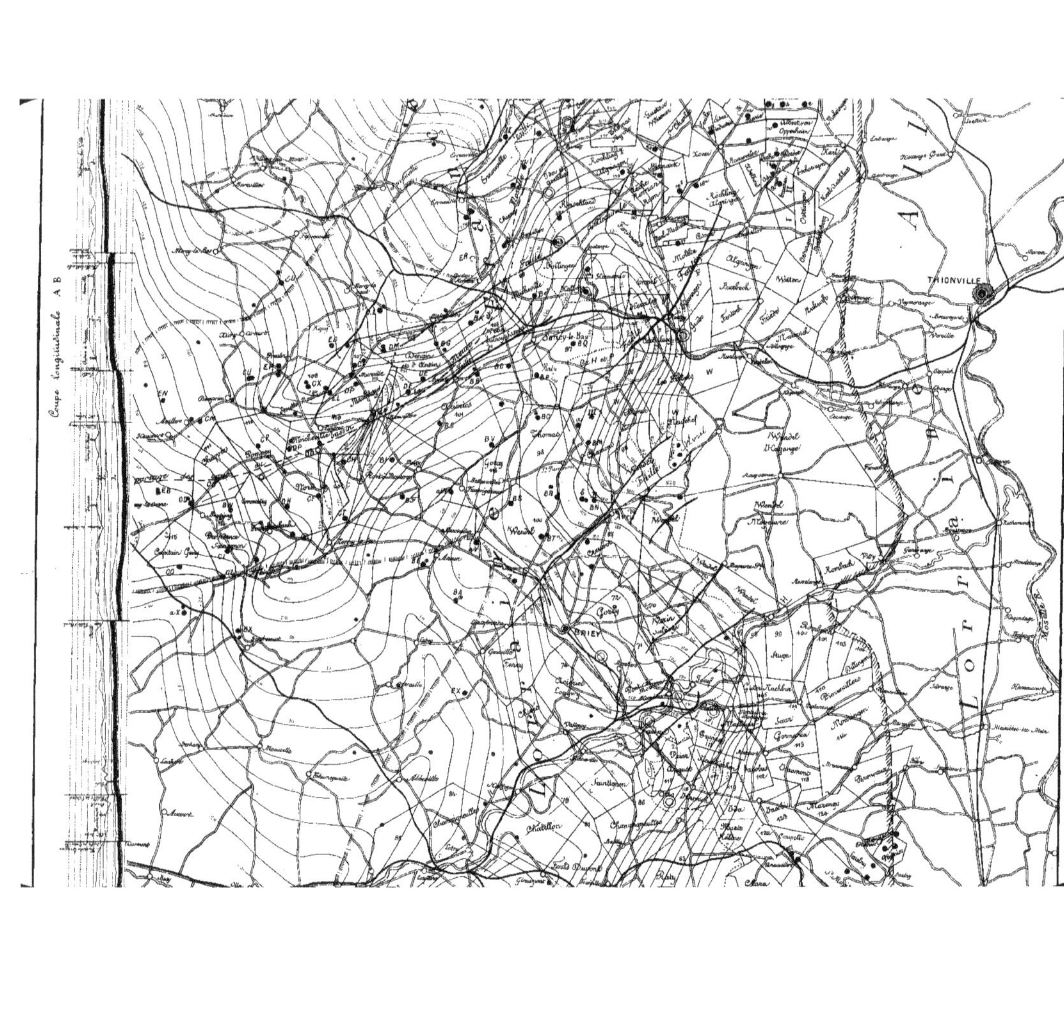

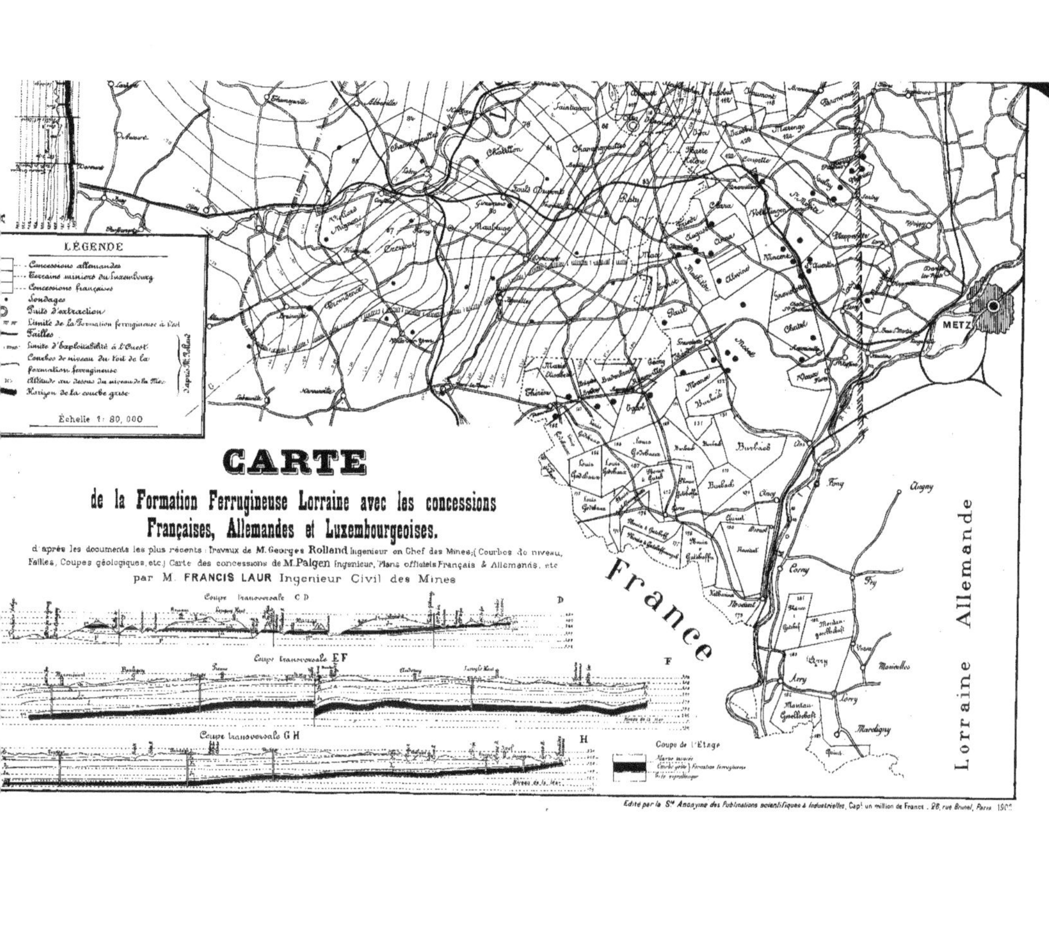
LÉGENDE
Concessions allemandes
Terrains miniers du Luxembourg
Concessions françaises
Sondages
Puits d'extraction
Limite de la Formation ferrugineuse à l'Est
Failles
Limite d'exploitabilité à l'Ouest
Courbes de niveau du toit de la formation ferrugineuse
Altitude au dessous du niveau de la Mer
Horizon de la couche grise
Échelle 1: 80,000
CARTE
de la Formation Ferrugineuse Lorraine avec les concessions
Françaises, Allemandes et Luxembourgeoises.
d'après les documents les plus récents : Travaux de M. Georges Rolland Ingenieur en Chef des Mines; (Courbes de niveau, Failles, Coupes géologiques, etc.) Carte des concessions de M. Palgen Ingenieur, Plans officiels Français & Allemands, etc
par M. FRANCIS LAUR Ingenieur Civil des Mines
Coupe transversale C D
Coupe transversale EF
Coupe transversale G H
Coupe de l'Etage
METZ
France
Lorraine Allemande
Edité par la Sté Anonyme des Publications scientifiques & industrielles, Capl. un million de France. 28, rue Brunel, Paris

www.ingramcontent.com/pod-product-compliance
Ingram Content Group UK Ltd.
Pitfield, Milton Keynes, MK11 3LW, UK
UKHW021110200726
13857UKWH00003B/1170